只有
敢想敢干，
才配得上所期望的
美好

赵彩霞 —— 著

吉林出版集团股份有限公司

图书在版编目（CIP）数据

只有敢想敢干，才配得上所期望的美好 / 赵彩霞著. — 长春：吉林出版集团股份有限公司，2018.7

ISBN 978-7-5581-5553-6

Ⅰ.①只… Ⅱ.①赵… Ⅲ.①成功心理–通俗读物 Ⅳ.①B848.4-49

中国版本图书馆CIP数据核字（2018）第155689号

只有敢想敢干，才配得上所期望的美好

著　　者	赵彩霞
责任编辑	王　平　史俊南
开　　本	710mm×1000mm　1/16
字　　数	260千字
印　　张	18
版　　次	2018年10月第1版
印　　次	2018年10月第1次印刷
出　　版	吉林出版集团股份有限公司
电　　话	总编办：010-63109269
	发行部：010-67208886
印　　刷	三河市天润建兴印务有限公司

ISBN 978-7-5581-5553-6　　　　　　　　　　　　定价：45.00元

版权所有　　侵权必究

CONTENTS 目录

第一章 冒险吧,年轻就是要敢想敢干

年轻时不妨让自己站得高一点 / 003

在最美的韶光里,成为最好的自己 / 008

有输得起的勇气,才配得上所期望的美好 / 011

还没坚持两天就放弃,怎么不焦虑 / 015

一切是还来得及,可你总得要开始啊 / 019

折腾自己,是爱自己最好的方式 / 023

有限的生命,适合用来做一些有意义的事情 / 025

去过热气腾腾的生活 / 030

趁着年轻就应该多吃点苦头 / 033

年轻时不苦不拼更待何时 / 040

我们与优秀之间只差一个时间的距离 / 044

年纪轻轻,别一副老年人的状态去生活 / 047

别让着急毁了你本该的节奏 / 050

别让未来的你,埋怨现在就选择安逸的你 / 054

第二章　迎接困难，渡过艰辛便是晴天

不惧失败，才能挑战成功 / 059

当苦难过后，你会发现，其实它并没有那么可怕 / 063

用快乐包容痛苦，用喜悦包容忧伤 / 065

学会与苦难和谐共处 / 068

挫折才不是你成功路上的绊脚石 / 070

你有面对所有困难的勇气，便有收获最大机遇的可能 / 073

生活不会将你置于死地，总会留有生路 / 078

再大的困难面前，都不要丢了自己的自信 / 082

苦难是暂时的，而未来是辉煌的 / 085

在苦难中等待人生的最佳契机 / 089

从困境中看到机遇，而不是面对困境止步不前 / 093

人生大部分时刻，都需要我们独自去承担 / 098

用百倍的勇气来同生活抗争，才能尝到生命的甜头 / 102

感谢逆境，让你更快地学会成长 / 104

第三章　梦想并不遥不可及，你得早起

风雨兼程，大步朝着梦想前进 / 113

不要在最适合追求梦想的时候选择了安逸 / 118

梦想是坚持最大的动力 / 120

别让你的梦想只是纸上谈兵 / 123

不放弃梦想的人生与众不同 / 125

哪怕失败，也是进取的表现 / 128

与其待在原地纠结质疑，不如在折腾中看清楚自己 / 132

为了梦想，你做了哪些努力 / 137

别让你的梦想失去了颜色 / 142

不做梦想的观望者 / 145

别把你的梦想拱手让给岁月和时光 / 148

梦想从此刻开始启航 / 151

梦想不会抛弃你，只有你抛弃梦想 / 154

带着自律，奔赴你的梦 / 156

光有梦想不行，还得有坚持 / 161

追梦的人最有魅力 / 165

第四章　别让大脑石化，多想想你的未来

少偷一点懒，多坚持一下，时间会给你想要的 / 173

选择没有错误，错误的是没有为选择做出努力 / 179

在安静中，不慌不忙地坚强和努力 / 182

过好当下是对未来最大的尊重 / 186

无所畏惧才能勇往直前 / 191

不惧未来，给它一个清晰的目标 / 194

每一个踏实努力的现在，都会成就美好的未来 / 196

你现在走的每一步都决定着你未来的样子 / 200

未来不在未来，而在现在 / 206

每一个看似的无用功，都在为大转变做积累 / 209

不要把最美好的时光，拿来杞人忧天 / 213

成功没有捷径，每个人都有他努力的方式 / 215

让未来的你感谢现在拼命的自己 / 218

只要坚持下去，一直向前跑，就会到达 / 222

要放眼未来，也要活在当下 / 226

第五章 适应孤独,不要被寂寞侵蚀灵魂

学会独处,适应孤独 / 231

既然不能完胜孤独,不如与它平静共处 / 235

因孤独选择的将就只会更孤独 / 238

做独处的有心人 / 241

从独处中找寻专属的快乐 / 244

在一个人的日子里把自己变得更优秀 / 247

与孤独的自己友好相处 / 251

当你的心门被关上,孤独也就如影而随 / 254

孤独是人生的必修课 / 259

不要试着打败孤独,而是跟它握手言和 / 263

孤独不可避免,不如放手拥抱 / 266

在孤独中找寻最真实的自己 / 270

梦想是孤独的旅行,孤独是努力的陪衬 / 272

独处是最好的升值期 / 275

第一章

冒险吧，年轻就是要敢想敢干

年轻时不妨让自己站得高一点

隧道视野效应：一个人若身处隧道，他看到的就只是前后非常狭窄的视野。不拓宽心路，很难打开视野。视野不宽，脚下的路也会愈走愈窄。

一个人能走多远，他将来的生活会是什么样子，很大程度上取决于他的眼光有多远。过去我们说，性格决定命运，这句话有一定的道理。但在知识经济的互联网时代，眼界才是决定命运的关键。

雄鹰翱翔空中，山野湖泊尽收眼底；青蛙囿于深井，只能见到井口那么大的天空。雄鹰可以飞越万里，而青蛙，就只能一辈子待在一口井里，还沾沾自喜。《哈姆雷特》中有一句台词："我被关在核桃壳里，却还把自己当作无限空间之王。"这是多么悲哀的一件事。

[大学时代该不该做兼职]

仁者见仁、智者见智。有的人认为，大学时代，就应该好好学习，努力拿奖学金。奖学金可以抵得上兼职赚到的钱，用奖学金，照样可以去旅行，可以去找寻诗和远方。

说实在的，对这个观点，我不敢苟同。因为这条路，其实是沿袭了中学时代的生活：一味的学习。这就意味着，大学四年里，你的生活，并无丝毫改变；你的能力，也没有拓展，你锻炼的，仅仅是书本学习的能力。

大学时代，我们应该更注重自己的实践能力，注重拓宽自己的社交圈子，结识各种各样的人。如果你能在做好社团活动和各种兼职的同时，还能拿到奖学金，那再好不过。如果不能兼顾，我建议你放弃奖学金。

因为，你在社团里学习到的东西，将终身受益；你在兼职过程中遇到的各种困难、你的解决方法、你的汗水和泪水，都将变成你经历的一部分，内化成你自己的东西。有一天，当你死啃书本学到的东西，蜕化到了初中水平，你的经历，已经藏在了你的气质里。

当然，大学生兼职，不要把赚钱当作唯一。有人建议大学生去当家教，理由是，当家教，赚的钱是你发传单或做录入的N倍。

但我告诉你，千万别为了钱，一直去做家教，除非你毕业后的工作，就是当老师。否则，相信我，你在广场上发传单的经验、你扮维尼熊跟路人照相的经历，与你做家教同等重要。

经历越丰富的人，眼界越开阔。这对你将来选择职业、解决生活中遇到的实际问题，都有好处。

我们为什么要去蹦极，要去跳伞？你做过大多人没有做过的事，你的感受更丰富，你有别人没有的那种挑战自我的成就感。经历，是增长见识的重要渠道。

[投资自己，拓宽眼界]

经常看到有网文讨论"二十几岁，是该存钱还是该投资自己？"，我觉得，这简直是不需要讨论的问题。

二十几岁，工作刚刚起步，薪资一般也还不高。这个时候，即使你拼命存钱，攒个十几二十来万，随着通货膨胀，你的这些钱，等你到40岁的时候,已经贬到不值多少了。就像我们的父母辈,辛辛苦苦攒个几万块,等到你买房的时候,连首付也不够。

可是,如果你用二十几岁赚到的钱,去投资自己呢?你报各种学习班,丰富自己的生活;你去健身,去参加俱乐部活动,培养自己一生的爱好;你去旅行,走遍所有你想去的地方。

见的多了,你知道了自己想要的生活是什么样子,可以少走很多年弯路;你清楚了谁才是你最爱的人,不会因为物质的东西一叶障目;你心里对未来有了一幅规划图,潜移默化地,你会往那个方向努力。

这样,会更多种技能的你,幸福地过着你想要的生活。40多岁的时候,还愁你挣不到比二十几岁多好几倍的收入?就算挣不到,又有什么关系,你的生活,已经是在你想要的轨道上前进。

一个丰富的人生,是金钱买不到的。

相比较从大学一毕业,就开始攒钱攒钱,然后开始买房买车,我更欣赏那种投资自己,走南闯北,懂得生活的年轻人。

[你的足迹,改变你的眼界]

老家的街道上,住着一户姓李的人家。弟兄两个,都是渣男,但偏偏两人,都娶到了贤淑的妻子。弟弟比哥哥稍好点,但酗酒滋事,整夜不归。哥哥呢,酒后倒是回家,但他还有一个"爱好":打老婆。

弟媳妇见嫂子被她老公一脚踹到地上,还把烟灰缸往她身上砸,实在看不过去。几次之后,她劝嫂子:"这样怎么行!万一哪天失手还得了。你没考虑过离婚吗?"嫂子伤心地抹着泪,抽泣着说:"都半辈子了,嫁了这样的人,就是这样的命。现在离婚了,将来怎么办?我这个年纪了,再嫁还不一定比这个好呢。"

弟媳妇无语。自己又何尝不想离婚？可是，孩子都有了，虽然过得不开心，还是凑合着过吧，好在他没有对自己动过手。

后来，弟媳妇去省城进修。她的初衷是，进修完找个离家远的地方上班，两地分居，不离婚，但也眼不见心不烦。

再然后，弟媳妇有个机会去北京工作。在北京，她遇到了几个好姐妹。她们了解了她的情况以后，无一例外地劝她离婚："人生还有一大半，离婚，不仅是对你自己负责，更是对孩子负责。"

做决定的，自然还是她自己。从省城到北京，她走得远了，见识也广了。在老家，离婚是一件可怕的事，很少有人敢最终迈出这一步。可在北京，离婚确实是需要慎重对待的大事，但并不可怕。过不了就分呗，没什么好犹豫的。

弟媳妇毅然回老家离了婚，如今早已过上了幸福的新生活。可嫂子，还是在老家的小镇上，给老公洗衣做饭，偶尔被他打。

你的阅历，决定你的眼界；而眼界，决定你的命运。

[年轻，一切都来得及]

"燕雀安知鸿鹄之志哉"，年少的陈胜自比鸿鹄，与吴广发出石破天惊的呼喊"王侯将相宁有种乎？"，带领天下，发动了中国历史上第一次全国性的农民战争。诸葛亮"运筹帷幄之中，决胜千里之外"。毛泽东也就是一名普通的教师，指点江山激扬文字，最终做出了惊天动地的大事，成立了新中国。这些，都与他们无与伦比的眼界分不开。

齐家治国平天下需要眼界，做生意也同样需要。正所谓"不同的眼界，不同的人生"。被誉为清代"红顶商人"的胡雪岩曾经有一句至理名言："做生意顶要紧的是眼光，你的眼看得到一省，就能做一省生意；看得到天下，就能做天下生意；看得到外国，就能做外国生意。"

前两年，有一本由美国《纽约时报》专栏作家汤马斯·佛里曼所撰写的书叫《世界是平的》，这本书是当前畅销全球的关于经济全球化的书，值得我们认真去读一读。从书中我们可以感受到全球化浪潮是如此汹涌澎湃，也领略到未来是多么充满激情与挑战！

如果说20世纪我国的特区政策让沿海经济特区的人走上小康之路，存在地域上和政策上的不平等，那么现在，互联网上的这种不平等已经不存在了。全世界的人都站在同一起跑线上，所不同的是，有的人立即行动，有的人犹豫观望，有的人则麻木不仁。眼界不同，也许就是当今贫富不均、收入参差的原因之一。

年轻，一切都来得及。心有多大，舞台就有多大。我们都知道，站得高，才能看得远。那么如何让自己眼界高远呢？读万卷书、行万里路、经万种事。

{ 在最美的韶光里，成为最好的自己 }

端午节和一位朋友做房地产派单兼职，不是我这个人吃苦能干，是钱包里确实羞涩，摸摸口袋，几个钢镚碰得叮当作响。我们的队长是个奔三的80后，戴一副黑框眼镜，白衬衣、短头发，整个人斯斯文文，一眼看上去就会给人留下好印象。

我们抱着一叠房地产宣传单，在一家小型超市门口溜达。人流稀少，我和朋友装模作样地向路人问好，抱着打打酱油的心态。所以大部分时间是两个人挤在一起，说说笑笑，摸旁边睡觉的哈巴狗尾巴玩儿。管他呢，撑完一天给一天钱，我要不是买不起泡面了，谁在这当电线杆！

我看看陈队长，他和几个同事坐在街道的老树下乘凉，眼神迷离不定。可能是经常来这里拉客户，陈队长的脸被晒成了紫红色，皮肤黝黑。朋友说："看，队长蹲点呐，就差一只碗了。"我"哈哈"地揪哈巴狗的尾巴。

队长人好，又健谈，我们为了偷懒就和陈队闲扯。我说："你每天这样挺无聊的，风吹日晒，薪水又低，还工作得这么认真？"陈队笑笑，说："是啊，即使很苦，还是要坚持工作的，即使看不清前面的方向，还是要努力拼命的！"

相比，我和朋友的大学生活空虚堕落，早上睡到自然醒，晚上打牌玩游戏，时不时地去旁边的小吃街"狂吃海喝"。所以对他所说的那样拼命的努力生活，即使赞同和认可，也是无法感同身受。

我们都知道生活难过，但年轻时都是情绪上的难过。具体难过的对象是什么，你也说不清。社交圈里发一张自拍照，配上抄袭来的两句呻吟，巴不得让全世界都知道，我今天难过了，好难过啊好难过，你们快来安慰我啊！我们明明听过很多大道理，见证过太多不堪的人生，明白生活中的重担和压力，可我们就是不懂。

陈队说，不是不懂，是因为太年轻，是因为没体验，没体验就没有概念，没概念就不足以对你构成压力和挑战。

陈队毕业五年，大学在一所二流的师范类学校学习营销，转过几个大城市，跳过几次槽。但总感觉从一个槽里跳出来，就又跳入了一个坑。典型的"矮挫穷"，房子是阴暗狭窄的廉价租房，车子是挤成肉饼的公交车，偶尔打的都心疼得不得了。而女朋友很现实，说要买得起房子再考虑结婚。我想，日子本来就如此的苦，但陈队还是要毫无终点地继续苦下去，这该是怎样的苦。

陈队所在的房地产公司，门面小，所以升职无望。假期加班加点，薪水去了一个月的房租和水电费，连给女朋友买盒面膜都是奢侈。但陈队依然毫无松懈地做着自己的本职。衣服皱巴巴，但洗得干干净净；皮肤晒得发紫，但嘴角常常挂起的笑容却从不向生活妥协。

前途看不清方向，但奋力狂奔的人，会稀释周围的迷雾。路走错了，可以换一条，但挪出的脚步，就会让你比停步不前的那个自己更好一点。不是你非走不可，是因在原地，就会永远迷失。

陈队说，在这家小公司工作，看不到未来和希望，所以干完一个月，就会辞职另谋出路。他说这话的时候，脸上刚毅、沉着，看不到一点寒酸和无望。

我们临走时，陈队对我们说，以后出来工作面试，不要听一些小公司忽悠说"我们给的工资不高，但可以锻炼你的能力"。其实，薪水才最重要！不管怎样，你都要不断地去努力。大道理谁都懂，可你们还年轻，有些事情没有经历，没有体验，所以还不懂。

我能想到陈队刚毕业时，和大多数毕业生一样，胸中充满了理想和大志。但如今，陈队努力的一切方向都很简单，有自己的房子，有车子，有老婆和孩子。想想是这样简单，又那样艰难。

我知道，如今的陈队不是物质和现实，是生活在他身上改变了很多东西。它会磨掉你身上的棱角，或大刀阔斧，或小修小补。但一定会让你朝着适合自己的方向发展。

时间会解构很多东西，包括热情、包括情绪、包括对所有事情的理解和定义。而最后你成为的那个人，一定会比原来的那个自己更努力，更优秀，更懂得奋斗的定义和意义。

我知道你难过，我们都难过，所以要拼命地去过。我知道你想哭，我们都想哭，所以要拼命地忍住。

奋斗的意义，不在于一定会让你取得多大的成就，只是让你在平凡的日子里，活得比原来的那个自己更好一点。让你与生活少一点妥协，让你有更多的力气保护你所喜欢的东西，让你对一切美好的事物力所能及。

更重要的是，拼命地去努力，才让你在最美的韶光里，为了成为最好的你，没有辜负努力奋斗的自己！

{ 有输得起的勇气，才配得上所期望的美好 }

[1]

读者在后台留言，她正准备考研，但家人不太看好。相较而言，他们更愿意她参加国考。倘若失利，还有省考。实在不行的话，可以考虑事业单位。

眼见考试迫在眉睫，她的信念开始动摇，学习时总是静不下心，惴惴不安担心未来活得很糟糕。

在她身上，我看到了曾经的自己。她说很喜欢学校，梦想在大学教书。当讲述梦想时，她的声音那么纯澈，语言是那么质朴，让我感受到她真实跃动的内心。

年轻意味着充满活力，并且有时间和精力去折腾。不要害怕失败，跌倒后大不了拍拍灰尘重新开始。

长辈的选择或许是好，但不一定适合自己。倘若给自己太多的退路，容易滋生侥幸心理。认为这件做不好，还可以做下件。往往到最后，一件事都做不成。

我告诉她，要专注，不要急，更不要怕。

凡事都有风险，听长辈的话或许能规避风险，但倘若长此以往，那可能会强行让你跨越某个人生阶段，错过了人生中宝贵的锻炼。毕竟有些路，你得自己走；有些道理，你需自己悟，才能记得住。

既然那么年轻，你又何必畏手畏脚，放开胆子试一试又何妨。

[2]

读大学时,室友喜欢上一个女孩。她父母在政府上班,家境优渥。然而他出身贫寒,感觉配不上女孩。尽管女孩毫无偏见,可两人处在一起时,他总感觉别扭,如鲠在喉。

室友很自卑,自己条件那么差,担心别人嘲讽他动机不纯,责骂他癞蛤蟆吃天鹅肉。于是就那样,他与女孩逐渐疏远,亲手扼杀了那段感情。

从一开始他就否认了自己,认为自己配不上。但最坏也不过陌路,可他连试都没试过,就干脆拒绝了那份可能的美好。

大学毕业后,他去了一家公司做游戏开发。为了赚钱,闲暇时接了不少单子。之后,存了一些积蓄,与人合伙创业。生意如期望的那样火爆,但由于合同漏洞,合伙人过河拆桥携款跑路。

他压根没料到一个美好的开始,却造成了一个糟糕的结局,眨眼间就一无所有了。室友对我说,还能怎么办,反正都糟糕成那样,再穷也不过就是要饭,再多努力一点,多坚持一下,生活就会变好。

听着室友的豪言壮语,真心感慨与大学时相比,他显得更为成熟。当初错过的那份感情让他至今追悔莫及。于是,他努力尝试,拼命去赚钱,只为人生多些选择,少些遗憾。

如果你连追求的勇气都抛弃了,那真的意味着失去了所有。

[3]

在40岁那年,她不幸遭遇婚变,拒绝和解一气之下与丈夫离婚。命运为她重新洗牌,她不得不为糟糕的生活而奔波劳碌。

可事不如人愿,她投了不少简历,但HR都以年龄太高为由提出拒绝。她心如死灰,过得很忧郁。可人生还未活到一半,她有些不甘开始反思自我,并渐渐学会乐观面对。

经闺密介绍,她开始帮杂志写专栏,生活慢慢有了起色。许多人以为她的生活就此黯淡,但她比想象得要坚强,勇于尝试改变,一步步走出了生活的泥潭。

在一次公众号经验分享会上,她跟我们讲述自己的人生体验。那段婚姻的失败让她认清了自己,死死拽住青春的尾巴,成就了自我并挽回了体面。

我们羡慕她,不光是她的成功,更重要的是她的生命所具备的韧性。从一个离婚妇女蜕变为专栏作者,期间不知经历了多少挣扎,付出了多少超越常人的努力,最终用汗水赢得了别人的掌声。

前辈最后一段话,至今记忆犹新。

在这场与自己赛跑过程中,我跌倒过无数次。但每一次爬起,内心就仿佛增添了一份力量。仿佛脱胎换骨,重新又活了一次。容颜虽不能常驻,但一颗年轻的心却能永远拥有。

其实,失败并不可怕,可怕的是你的畏惧心。许多人对成功热衷,却对失败嗤之以鼻。可生活不是一锤子买卖,成功也不会来得那么轻易,它需要历经无数次的磨砺。

努力做一个勇敢的年轻人,学着去承受生活给你的每一个耳光。千万别在风暴未来之前,就自甘堕落而缴械投降。

[4]

曾经害怕举手发言,惶恐上台演讲……可一旦一咬牙硬着头皮顶上去时，你会发现那不过是屁大点儿的事情。害怕很正常，但不正常的是，你为了避免犯错而拒绝尝试。

前段时间，朋友圈疯传了一段视频。

他叫王德顺，44岁学英语，49岁北漂研究哑剧，50岁开始健身，57岁创造"活雕塑"，65岁学骑马，70岁练成腹肌，78岁骑摩托，79岁上T台。2015年一场时装周上的走秀引爆全场……

年轻不仅是年纪小，更重要的是心态好。王德顺先生向我们诠释了年轻真正的含义，他活得让人钦佩，更重要的是活出了自己期望的姿态。

正处于20岁出头的你，那么年轻，本就一无所有，又何惧失去所有？

我曾听一些长辈讲述过去，他们常以"如果当初我做了什么"的句式开头。有时甚至将过失推脱于人，从而掩饰自己当初的胆怯。可是你能欺骗别人，但绝对逃不过生活公正的审判。

昨天你对喜爱的放弃，今天会让你追悔莫及。所以，别害怕所有坏结果，而影响你的判断和决心。

害怕是一回事，做与不做又是另一回事。你要有输得起的勇气，方能配得上将来你所期望的美好。

趁阳光明媚，一切都来得及。

{ 还没坚持两天就放弃，怎么不焦虑 }

[1]

大四的时候，有个同学抑郁了。

他一年前决定参加研究生考试，制定了备考计划，买了很多考试书籍，说了很多豪言壮语，准备继高考后再来一次艰苦卓绝的奋斗。

刚开始的几个月，他很努力，图书馆开门的时候他就到了，图书馆关门时他才走。可是过了一段时间，他去复习的时间越来越晚，离开图书馆的时间越来越早。又过了一段时间，他去复习的日子越来越少，等到快考试的最后一个月，索性不再去复习。

考研结束后，他告诉我，从决定考研到考试结束，他一直处在很焦虑的状态，即使最后他不再复习，每天玩耍，也很焦虑。

最初，觉得一切都刚刚开始，充满了干劲，自信满满。努力了一段时间，干劲消退，学习中的困难开始浮现，对复习的效果产生了不满，开始焦虑。和朋友出去玩，看电影，玩游戏，越放松越焦虑，越焦虑越无法学习，形成了恶性循环。

懊悔逝去的昨天，又没法把握今天。这种反反复复的焦虑使他终日惶恐不安，最后被心理医生确诊为抑郁症。

这个同学是身边最严重的个例。但其实包括我自己，周围有很多人都存在一些焦虑的情绪，程度轻重不同而已。

老师布置的作业、领导安排的工作，给了充足的准备时间，刚开始觉得不急，后来觉得难而不想做，等到最后一个晚上通宵去突击完成。总是把事情拖到最后一刻，这个过程却不快乐，反而很焦虑，在deadline即将到来的时候，这种焦虑感达到了顶点。

通宵完成后，焦虑感消失，想到早前那惴惴不安的样子不禁发笑——早点完成岂不是更好？

[2]

年轻时的焦虑，往往是对自己不满，却又无力去改变。

一是对自己当前的行为不满。明知道某种做法是对自己最好的，却偏偏不去那样做。明知道当前做的不是最该做的事，却偏偏停不下来。

背单词做习题"先玩会儿再干"，写工作总结"睡一觉再说"，吃饭都"等会儿再叫餐"。休息时间，你计划着看书、写作、练琴、绘画……再等一下吧，去看一下手机，结果一个晚上都在刷朋友圈、逛微博、玩直播、煲电话粥，或者只是躺着、发呆、不动。然而，这些你都不觉得快乐，因为大脑里一直有个声音催促你，去做应该做的事。而你在焦虑中依然玩手机、躺着、发呆。

最该做的事情往往不是很简单就能完成的，人本能就会逃避，希望做更容易的事或放松的事来寻求安慰，结果导致最该做的事情没有完成，从而更加焦虑。

二是对自己当前的状态不满。有的人年年拿奖学金；有的人工作没几年，工资节节攀升；有的人写作出书，去各地签售风光不已。

你本来也有这样的梦想，或许还曾和他们站在同一起跑线上，如今，你的梦想却依然只是梦想。你对现状不满，急于改变，又懊恼错过了最好的时机，害怕路上的艰难，迷茫不知怎么去实现。不满日益增加，焦虑如影随形。

你开始觉得自己很差劲，比不上其他人；变得很恐惧，害怕就这样度过一生；又很后悔，痛苦于自己浪费的时间和生命；还有无奈，很多事情无力去改变。

虽然你很年轻，但你总是焦虑。

[3]

如何减少这种焦虑呢？

首先，你需要把握住现在。种一棵树最好的时间是十年前，其次是现在。

有时候我会想，如果时间倒带重新来一遍，我会是完全不同的样子吗？或许你不满现在的状况，但与其纠结过去，不如着眼于现在和未来。逝者不可追，唯一能把握的是现在，能追逐的是未来。

其次，做当前最重要的事。你周围或许围绕着很多事情，但一定要明确当前最重要的事情是什么。判断的原则，就看它是否符合你当前的计划和目标。

如果你是学生，当前最重要的事情必然是学习；如果你是职场新人，当前最重要的事情就是提升工作能力；如果你想成为一名作家，当前最重要的事情应该是不断练习写作；如果你想环游世界，当前最重要的要么是努力挣路费，要么是已经行走在路上。

当然，过程中总是会遇到不少阻碍。但你要知道，世界上最不费力的事情，就是拖延时间。我们总是把重要的事情拖到最后，结果往往就是不了了之或者敷衍了事。所以，做当前最重要的事，拒绝拖延。

再次，坚持，坚持，再坚持。往往很多事情做了才知道困难，没做过反倒觉得很容易。

我们看到别人的成功、别人的光鲜与靓丽，却没有看到他们在背后付出的艰辛与努力，流过的汗水与眼泪。

在努力的路途中，有的人始终在原地，什么都没看到；有的人走了几步，感受到一些风的阻力；有的人走了一半，但也看了路途的风景，闻过两旁花的芬芳；而只有少数人，从未止步，越走越远。

坚持过的人，才知道自己是如何慢慢变得强大的。你这么年轻，不用焦虑：路才刚刚开始，只要坚持走，就能走出自己的路。

{ 一切是还来得及，可你总得要开始啊 }

以前认识的一个网友，比我大12岁。因为十年前上网还不是很广泛，那个时候人们上网都喜欢释放自己强大的聊天欲望。再加上我从小就喜欢聆听别人的故事，所以我自然就成了他良好的聆听者。在他20到30岁这十年，他给我讲了他的大部分故事，我想分享给大家。

由于我也不知道他叫什么名字，我就称呼他为月影吧。他是重庆人，高中毕业后他没有上大学，整天就和他的一群死党混在一起，由于大家都是那种高中读完便辍学的年轻人，大家一天到晚都无所事事。可是年轻人总是倾向于开始去自己养活自己，于是他也开始出去打工，没有多高的学历，也没有生意人的头脑，当然只得去干一些体力活儿，那年他20岁。

他给我讲述他去到的第一个建筑工地在贵州，20岁才出社会的人不仅仅单纯，而且和一群朴实但是充满社会气息的农民工在一起，难免会有很多不适应。比如在工地周围，常常会有当地的一些流氓来欺负外地人。这些流氓很机智，不会在人多的时候来，而是趁着人少的时候专门挑新面孔下手。月影就不幸经历过这些，他给我说第一次在外面挨打还不了手，非常难受，加上一开始受不了建筑工地的体力活儿，就撒手回家了。

回到家父母看见孩子的自然心疼不已，让他在家好好休养，再想想办法不去那么远打工。

"那你在家待了多久？"我问。

"接近半年。"月影回答。

"待那么久，不无聊吗？"我继续问。

"哎，一开始回来的确无聊，可是转念一想我还年轻，有的是时间。不过无忧无虑地待了半年后，觉得自己也有些受不了。"这时家里人也开始催他出去学点什么，然后他就依托家里的关系在当地找了一个师傅跟着学室内装修。

年轻好学是一开始他师傅对他的评价，可是三个月过去以后，当他挣了几千块的时候，他就不再那么好学，并且总是想跳过师傅去外面接生意。可是生意人总是不太认可脸上没有几根毛的年轻人，不会那么容易给他单子做。他也没有一口说服人的口才和魄力，就在偶尔能接到的几个单子下存活，那个年代开始流行上班族月光，而他作为一名打工者，更是月光族中的月光。

因为在家附近工作了，就有更多的机会和死党们混在一起，而那群死党也时不时叫他在工作的时候出来瞎混。他就这样浑浑噩噩地过了两年。

可能他内心里依然有一个梦想，在他给我留言说完这些故事的时候，他在留言的最后一句话说等到来年的时候他打算走得远远的，再去拼搏一下，不能放任自己了。他写道：幸好我还年轻，我还有资本。那一年他已经24岁了。

再一次他向我完整地诉说他的故事已经是27岁了，他说他开年实现了自己的诺言去了新疆，也是去了一家建筑工地，本来前半年还好好的，在第七个月上突然拿不到工资，第八个月实在受不了了，他就伙同一起去的年轻人去了建筑公司的办公室要工资。年纪轻轻的他们相信了老板让他们第二天来拿的假话，第二天去的时候老板已经不在了。只有前台的几个也看上去年纪轻轻的咨询台的小姑娘。气急败坏的他们在那里大吵大闹，好几个年轻人摔桌子和椅子，甚至对着几个小姑娘扬言不找到老板，她们也别想回去。几个小姑娘在现场就被他们吓得稀里哗啦。

"我第一次觉得自己是一个混蛋，我一直还觉得我品性很好。"他给我说。

"那后来呢？怎么解决的？"我问。

"当天没有要到钱，不过那天之后好像小姑娘们也报了警，公司老板可能也怕了，就托其他人给了我们一部分钱让我们走人，我们看这样下去也要不到钱，就干脆撤了，拿一点算一点。"他答。

拿到了一部分钱之后，他再一次回到家，过着浑浑噩噩的生活，等到把找来的钱花光之后，又开始过着吃家里，花家里的鬼日子。

"你没去学点什么？"我问。

"想学很多东西，可是发现自己有点静不下心了。但是常常想想自己还有点资本。"他说。

"你有什么资本？"我问。

"27岁还不算太老。"他回了一个笑脸。

27岁到30岁，他又去到了青岛、昆明，甚至再次去了贵州。他依然觉得自己年轻，想学东西依然可以。27岁走之前他说那年他没在家里过一个好年，年三十的晚上本来一家人打麻将，打得好好的突然因为他向父母要些钱，父母不愿意给，他就很生气，觉得在朋友面前丢了面子，当时就说了父母两句，没想到他父亲当时也吼了他几句，他气得不行，年三十晚上当即就走了。

"第一次觉得不能向家里要钱了，而且开始反省自己这些年来都干了些什么。"他向我诉说。

在外漂泊了几年，他没有挣到多少钱，可是说话明显改变了很多，不再是找些钱就花些钱的人，做事也开始捡回多年的专注。而且他还结交了一个女朋友。女朋友比他大，所以一看就知道他肯定是找到了一个降得住他的人。

快30岁的时候他回家了，在女友的帮助下，他和女友结婚了。有了家庭，他明显稳重了不少，那段时间我看过他发的自拍照，和婚前相比明显也瘦了不少。

多年不联系，有一天我尝试着问他：

在我即将20岁的时候，你给我的最大的忠告是什么？

三天后他回我消息：这么多年我最大的错误就是一直认为自己还年轻，觉得一切都还来得及，结果我自食其果。所以不要想着自己年轻就算资本。年轻不算资本，年轻的时候能够静下心来学习的人未来才有资本。

想想和我一起瞎混的同龄人，也有现在混得很好的，可是中间有好多年都没有他们的消息，后来聊天才知道他们出去吃了几年的苦，专心致志地学成了一门技术，不像我吊儿郎当。

最后祝福你吧。

折腾自己，是爱自己最好的方式

当你意识到生命有多宝贵的时候，你就会特别惜命，但惜命最好的方法不是养生，而是折腾自己，把自己的生命淋漓尽致地燃烧透了。

2015年年初的一场"咳血"之症，让张泉灵开始换角度思考人生，后经证实是虚惊一场，但病中的想法却让她坚定了离开的念头。

人越长大越惜命，开始在平平淡淡才是真的"信仰"中接受安静，更将生命"保护"起来，不再折腾，他们的生活开始像巴黎般"诗意"。

但诗意的生活更适合垂暮之年，年轻应像纽约般写实，应该去折腾，在有限的时光里活得精彩、丰满。不辜负只有一次的生命。

正如张泉灵离职央视后，开始了新的生活，并发展了自己的新事业，投身"创投界"。

张泉灵在微博中说："人生最宝贵的是时间。42岁虽然没有了25岁的优势，可是再不开始就43岁了。其实，只要好奇和勇气还在那里，什么时候开始都来得及。"

工作上折腾，是对梦想的尊重。

世界上，成功的有两种人，一种人是傻子，一种人是疯子。

傻子在工作中的最高境界是安分守职，他们害怕挑战，对压力恐惧；"疯子"则在工作中力求折腾，燃烧自己的热情去挑战，体验工作所蕴含的温度与厚度，在折腾中进步，在进步中实现梦想。

不出去折腾，有负生命给你的上场机会。

斑驳如画的风景是大自然对人类的慷慨，出去走走是生命对人生的期待。你的世界，有多少风景停留在光影和别人的描述中？再不折腾就老了，有些风景或许真的不能亲眼去感受了。

生活里不折腾，拿什么回忆。

年轻的生活点滴构成一本青春纪念册，是折腾不动时候的回忆。趁年轻，趁当下，工作之余不要总一个人安静在自己的世界，多陪陪家人，多看看朋友，偶尔喝点小酒、夜里狂欢都没关系，珍惜能在一起的时间，多去制造回忆。

远方若是吸引你，那就去折腾。

人最宝贵的东西是生命，生命属于人只有一次，相同的时间里，比别人体验更多你就拥有更多。趁着年轻，趁着时间与身体还允许你行走：请珍惜你上场的机会，未知的鲜活若是吸引你，那就去折腾。

{ 有限的生命，适合用来做一些有意义的事情 }

我相信每个人的朋友圈里都会有那么几个愤世嫉俗的年轻人。

他们的特点就是爱抱怨，恶劣的环境，糟糕的空气，微薄的收入，节节攀高的物价，悬殊的贫富差距，不健全的社会制度，越来越物质的婚恋关系，似乎他们每天都过得很糟糕。

你看，在愤青们的吐槽里，世界是那么的不美好，糟糕得让人失去了一切奋斗的动力。

当然，我年轻的时候，也曾是庞大愤青队伍中的一员。我恨不得生活中所有的不如意统统归结到社会的阴暗面上。

直到有一天，我在微博中看到一段话，年轻时最好不要过分关注社会的阴暗面，要不然内心会越来越分裂，慢慢侵蚀掉积极向上的力量，滋生黑暗力量。

无论面临的社会情景多么糟糕，我们都有自己可以掌控的部分。社会变革可能需要上百年的时间，可我们的生命仅有一次，也没那么长。所以要在有限的时间，尽可能做我们能够掌控的事。

刹那间，我豁然开朗，慢慢地学会停止抱怨，多看一些社会中的真善美，并尝试着把这些简单美好的小幸福记录下来。

我之所以喜欢写一些真善美、积极向上的文章，是因为我发现网络里和现实里跟我吐槽的朋友，依然有很多愤世嫉俗的好青年。在他们彷徨、迷茫的时候，非常需要有人给予积极向上的正能量。

有一个异性朋友，家境贫寒，从小生长在农村。为了改变命运，十年寒窗苦读，好不容易考进大学，却发现毕业就是失业时。毕业大半年，才费尽心神找到一份销售的工作，月薪1500，去掉五险一金，还不到1000元钱。最艰难的时候，朋友一顿只吃一个馒头，饿极了就喝水充饥。

每次看到和他同时进公司的富二代开跑车上班，他就开始恶狠狠地抱怨，抱怨社会贫富差距那么悬殊，抱怨生活的不公，抱怨自己为什么没有生在一个有钱的家庭。就这样朋友抱怨了大半年，销售业绩依然为零，濒临被公司开除的危险。

担心被公司开除，温饱都难以解决的朋友又开始和我抱怨。为什么社会上贫富差距如此悬殊？为什么80后就这么倒霉？

我安慰他，其实古往今来，无论中西方国家都会存在贫富差距悬殊的问题。这是一个历史性的难题，并非我们抱怨几句就可以改变的。我们能做的就是努力做好自己应该做的事情。比如说，你现在应该努力保住这份工作。

正所谓，家家有本难念的经，无论是穷人还是富人都有很多烦恼。穷人的烦恼通常只有一个，就是缺钱，而富人的烦恼，除钱之外，还有很多。有时候，我们所羡慕的光鲜亮丽下，往往也是一地鸡毛。

前段时间，有个90后的小伙子在我微信公共平台上留言：我觉得你文章里描述的爱情都太美好，不适合我们90后。90后的女孩都太过物质，爱慕虚荣、爱攀比，已经没有你所谓的那种单纯的好姑娘了。

我非常认真地回复他：我相信无论是80后还是90后都会有单纯美好的姑娘，她们不物质、不虚荣、不攀比，只是单纯地想和心爱的人从零开始享受一段美好的爱情，一起经历那些挨苦的欢笑与眼泪，一起奋斗完全属于自己的车子和房子。

其实一个女孩的品性受外在客观环境的影响远远小于原生家庭的影响。也就说，如果一个女孩她非常物质、爱慕虚荣、爱攀比、工于心计，那说明她的家风和家教出现了偏差。正所谓父母是子女道德品质第一责任人，也是孩子树立正确人生观、价值观和婚姻观的引路人。

无论是70后，80后还是90后，都会有一些三观不正的坏女孩，当然我相信更多的还是家风家教正统的好姑娘。所以，千万不能因为一些个例，而否定了所有的好姑娘，从而不相信美好的爱情。

偶然，和一个年轻宝妈谈起单独二胎政策放开，宝妈气呼呼地说，现在就算二胎政策全部放开，也没人敢生啊！

国内社会福利待遇那么差，养个孩子多难啊，从出生到上学，再到结婚买房，没个几百万下不来。

要想全面推广二胎政策，国家必须完善社会福利制度。你看人家瑞典，社会福利那么好，简直就是从摇篮到坟墓的福利保护，孩子出生后，妈妈有9个月的产假，爸爸也同样领全薪在家看孩子。

在瑞典，孩子上学、生病、失业、老人养老、全职妈妈在家带孩子都有保障金，有良好的福利待遇体系做保障，温饱问题无忧，生几个孩子也养得起啊！

我静静地听着宝妈吐槽国内的福利保障多么不健全，又多么向往瑞典良好的社会福利制度。

然后微笑着对她说，瑞典的社会福利虽然是世界上最好的，但自杀率也是世界上最高的。

"为什么啊？"宝妈不解地问。

或许是，生于忧患死于安乐吧！《士兵突击》中，许三多常说，人不能活得太舒服，太舒服会容易出问题的。

瑞典的高福利、低失业率的资本主义模式使人类可以享受的最好生活，是历史发展至此的最高阶段。这种模式不是所有国家都可以效仿的。不过，我相信随着国家的发展，国内的社会保障制度肯定会越来越完善。

然而社会变革可能需要上百年的时间，可我们的生命仅有一次，也没那么长。所以要在有限的时间，尽可能做我们能够掌控的事。

是的，作为国家的支柱力量，我们不能总是过分关注社会的阴暗面，然后不停地抱怨、吐槽。抱怨只会让我们变得越来越糟糕。因为有很多东西是历史发展的必然趋势，譬如，高房价。这些是我们常人无法左右的事情。

我们需要做的是，改变抱怨的态度，积极地去做当下应该做的事情，那么久而久之一定能突破困难，生活会发生质的改变。

到这里，或许我可以说出第一个朋友的结局。朋友停止抱怨后，积极努力地去工作，总结之前失败的经验教训，下班后利用业余时间充电。然后他的业绩突飞猛进，一跃成为公司的销售冠军。现如今朋友已经荣升为公司的销售部总监。

朋友经常说，改变是痛苦的，但却是成本最低、见效最快的投资。

是的！我们无法左右世界，但却可以改变自己。

当我们年轻的时候，每件事都像世界末日一样，令我们绝望，痛苦不堪。其实不是的，一切只是开端而已，我们还那么年轻，完全可以克服一切困难，勇往直前。

哪怕就像如今的股市，即使人生崩盘也不并可怕，没有经历人生的连续跌停，又何足以谈人生呢？

若是美好，叫作精彩。若是糟糕，叫作经历。年轻人嘛！就应该活得洒脱一些，不能总是苦大仇深，愤世嫉俗。

热播剧《名侦探狄仁杰》中诸葛王朗经常说，人嘛！这开心是一天，不开心也是一天，为什么总是盯着那些不开心的事情呢？何不给自己一个大大的微笑？

所以年轻人，请不要再愤世嫉俗了。多关注一些生活中简单美好细微的小幸福，少关注社会中的阴暗面，把我们有限的生命用来做一些有意义的事情。毕竟世界是大家的，生命是自己的。

{ 去过热气腾腾的生活 }

"海明威阅读海,

发现生命是一条要花一辈子才会上钩的鱼。

梵高阅读麦田,

发现艺术躲在太阳的背后乘凉。

弗洛伊德阅读梦,

发现一条直达潜意识的秘密通道。

罗丹阅读人体,

发现哥伦布没有发现的美丽海岸线。

加缪阅读卡夫卡,

发现真理已经被讲完一半。

在书与非书之间,

我们欢迎各种可能的阅读者。"

这篇《阅读者群像》,是台湾作家李欣频给诚品书店写的文案,是经典的文案案例。

是不是很有才华?李欣频是对我影响很大的一位作家。但是,最让我喜欢的不是她的才华,而是她的生活态度。

这些年里,她坚持每天读一本书,看一部电影,每年至少去一个新的国家旅行。作为职业作家,她还出版了几十本书,并且教授创意文案课程,在各地奔波演讲、做分享……

她现在46岁了，仍然美丽，优雅，充满智慧。且这智慧不断累积，让人简直要忽略掉她的年龄，只看见她无与伦比的才华和阅历。

在她的一本书里曾谈到对"创意"的理解，她说："我一直想要突破现实框限，过一个'自主、自由、自在'的人生……这样的生活，让阅读、写作、写文案、出国旅行、看电影与表演、演讲开课等各个面向都mix得完美，所以对我而言，没有'工作'的概念，只有'生活'的概念，我只想创造每天非凡的生命经验，只想把每一天活得无懈可击。"

我真喜欢这样的生活态度——最大化自己的生命体验，在有限的时间内活出两倍以至N倍的丰富。

我看过太多的年轻人，将二十多岁活成了五十多岁，甚至六十多岁、七十多岁的样子。下班后一躺一晚上，周末一睡一整天，只需要一个手机、一张床就能消磨掉全部的好时光。

微博刷来刷去，不过是来自世界各地的段子集锦；朋友圈都能背下来了，不过是谁去看了电影谁又发了什么牢骚。视频网站关上一个又打开另一个，对着屏幕上别人的爱情别人的生活长吁短叹，自己却在工作的烦躁、生活的无趣里无法抗拒。

这样的青春，不是耗在了路上，而是耗在了床上。不是迸发着热情和火光，而是在泥潭里越陷越深。于是身体走不了万里路，心也混混沌沌，两双手只知道困守在手机旁。

以前多少人躺在床上吸鸦片，现在多少人躺在床上玩手机。连姿势都没变。

所以，你还抱怨上天没把美好的生活给你？那是因为，你从来没亲手去创造过美好的生活，更没尝试过将自己的人生过得妙趣横生。

纵然我们无法像李欣频那样因为才华而自由，但至少可以让自己在忙碌的工作之外，找到除了玩手机、刷微博、抱怨吐槽之外的更好玩的乐趣。

我有一个朋友，也是每天一本书一部电影。有人问她，看一部电影至少一个半小时，而看一本书更远不止一个半小时，你是怎么做到的？

她说："我在地铁上看下载好的电影，不管是在去见客户的路上还是在等餐的时候，我都带着要看的那本书。所以，我只是把刷微博和朋友圈的时间省下来了而已。再换句话说，我只是把手机换成了书。"

去年这时候，同为绘画白痴的我和她一样，想要学些简单的绘画。一年过去了，我还是绘画白痴，可她已经能够画出一些漂亮的水彩画了。

我也问她怎么做到的，是不是找了老师？她说，"没有，我就是买了一本水彩画入门书，每天学着画一点儿啊。"

听了她的话，我真的很惭愧。看到她因为学到了新鲜的东西、看到了新鲜的事物而充满热情的态度，我更加惭愧。

毕竟我有好多这样的时候，觉得生活好无聊、人生真没劲，所以提不起来精神去对待任何事情。

人生多年，生死难当。可怎么样才叫活过？谁也没有定论。我只知道，我的青春不要只是躺着。更不要垂垂老矣手脚都不能动弹之时，躺在暮色将至的床上，回想自己过去的漫长的一生，竟然从来没有一次酣畅淋漓的付出、一次说走就走的冒险、一次义无反顾的爱情，竟然全都是躺在床上刷的微博段子、歪在沙发上做的白日之梦，以及大片大片的空白、浪费与虚度。

我还想我的青春活得精彩一点，再精彩一点。

前几天，我在一篇文章里写道："一个人，也要有热气腾腾的生活。"有人留言说："怎么样才能有热气腾腾的生活？"

我觉得只需要四个字："别老躺着！"

趁着年轻就应该多吃点苦头

[1]

前段时间回老家,表弟见了我,眼泪汪汪地说,姐,我从去年到现在相亲不下几十次了,咋就没有姑娘看上我呢?好心塞!

我认真和他分析,现在的姑娘都喜欢积极努力上进的男人,你可以现在没钱,但一定要有上进心,肯吃苦耐劳,能让她们看到希望,给她们足够的安全感。

表弟一脸迷茫地说,我挺努力的!我有工作,每天按时按点上下班,从来不迟到早退。我又没有吃喝嫖赌,整天在大街上游手好闲,咋就没有安全感呢?

我问他,那你一个月赚多少钱?还完房贷还剩多少?

表弟慢慢低下头,缓缓地伸出两根手指。

两千?我问。

还完房贷还剩两百!表弟有些不好意思。

我问他,那你只剩两百块钱,将来怎么养家养孩子?

表弟理直气壮地说,那媳妇也得上班赚钱!而且我爸妈现在一个月也能赚几千块钱,养家糊口不是问题。

那好!如果你媳妇将来生孩子,就像我现在一样至少三年没法出去工作。你父母已经年迈，而且他们那点钱也只够他们自己日常开销。你有没有想过等他们老了，将来你怎么赡养父母，有了孩子后，又如何抚养孩子呢？

那我该咋办？我也想赚钱，就是没有门路。表弟无奈地说。

我开导他，你们这一行做销售肯定特别赚钱，再说你现在也积累了不少人脉，销售起来应该蛮轻松的。干得好，两三年就能把房贷还清了。

表弟把头摇成拨浪鼓，干销售太累了，再说了，我的性格不适合做销售。我不想活得那么辛苦。

我继续劝他，那如果你不想做销售，可以下班后把玩游戏的时间，拿来充实自己的专业知识，一定要把基本功学扎实。八小时内求生存，八小时外求发展。你的事业今后能否更上一层楼，完全取决你有没有充分利用好你的业余时间。要知道，努力只能及格，拼命才能优秀！

表弟有点生气地说，你为啥老想着让我赚钱呢？我不想活得那么辛苦，我也不奢望大富大贵，我只想过好平淡安稳的小日子，你为什么老是把你的想法强加于我身上，那不是我想要的生活方式。

我也怒了，你是一个男人，请你像一个男人一样担负起养家的责任。你的父母五六十岁了，为了给你买房还房贷到现在都背井离乡地去打工，你有什么理由不努力，不拼搏。

你还好意思没白没夜地玩游戏，你现在趁着年轻不努力，将来拿什么撑起这个家。你的不努力，就是一种自私！

表弟羞愧难当，姐，你说的那些大道理我都懂，但是改变太难，太痛苦了。

我语重心长地说，改变虽然痛苦，但却是成本最小、见效最快的投资。

人生能有几时博，此时不博何时博？其实人生之中能努力奋斗的时间也就不过十年而已。25—30岁是我们在所擅长的领域积累基础知识的宝贵阶段，这时候你要拼命学习，踏踏实实把基础打牢，就像是打地基一样，你能否盖成梦想的大楼，完全取决你基础是否牢固。

30—35岁之间是积累人脉和经验的时候，这个时候也是考验你基础是否牢固的阶段。如果你足够努力，足够优秀，那么你周围都是和你站在同一个高度的优秀人才。记住，你所在的位置，决定了你的人脉关系。

一旦错过了该努力奋斗的这十年，你接下来的生活就会举步艰难。

在可以吃苦的年纪，一定不要选择安逸，因为年轻时的不努力和安逸，会让你的晚年埋单。

[2]

一个许久没有联系的大学同学突然在微信上问我，阿珂，你知道现在干什么最赚钱吗？

我在脑海里努力搜索了一下，然后告诉她，自己创业最赚钱吧！咱不是学的形象设计么？你可以开一个化妆品店，顺便帮顾客做化妆造型，也可以在网上接单，现在结婚一个新娘妆都成百上千的，应该前景还不错。

同学发了一个撇嘴的表情，亲，创业需要资金投入，我哪有钱开店？

我思索了一下说，那你可以先摆地摊！好多大企业家都是摆地摊起家的。你还记得咱们宿舍小晴不？人家晚上下班后，在夜市上卖指甲油，一晚上只干一个小时而已，一个月还能赚小一万呢！

同学发了一个惊诧的表情：天哪！一万块钱，是我们两口子工资的两倍！可是摆地摊忒累了，我可吃不了那苦，小晴就是一个钻钱眼里的工作狂，上学那会就天天到处去宿舍推销化妆品，真搞不懂，一个女孩子家家活得那么拼干吗！那可不是我想要的生活方式，我只想平平淡淡安安稳稳过好一生。

我告诉她，可是你知道么？人家小晴自己买房子了，一百多万的房子，自己付首付，自己还房贷。而且今年人家还去了四个国家旅游。即便如此，人家还能担负起妹妹的学费和生活费。

所以靠自己努力换来的轻松、舒适、物质充余的生活才是真正简单快乐平淡的生活！

你那种因为没钱而不敢奢望更好的物质生活，不得已降低生活质量和水平的简单，明明就是穷困潦倒好么？

你知道一个女孩为什么要如此努力么？因为只有自己足够优秀才能找到更加优秀的另一半，最重要的是，你只有努力工作才配拥有美好的未来！

同学快要哭了：那我该咋办？我现在商场卖化妆品，一天工作十二个小时，一个月只休一天，累死累活才1500元钱，我还有救么？

我安慰她，选择比努力更重要，只要你从现在开始找到适合自己的工作方向，然后拼命努力，一定可以改变不满意的现状。

同学十分无奈地说，我也想拼命努力赚钱，但是我身不由己！我又怀孕了，不能太辛苦的！

我惊得下巴都掉下来了，你不是已经有俩女儿了，咋又怀上了？不会被罚款么？

同学神秘兮兮地说，医生说，这次是个儿子，恐怕得罚十几万吧！所以我才很苦恼，想要找到快速发财之道啊！

我气不打一处来：人家富豪，千方百计想生儿子，是害怕万贯家财没人继承。你们自己糊口都是问题，还要冒着罚款十几万的风险图啥？

同学有些为难地说，我也是逼不得已，老公家一直想要个儿子。

我无奈地叹了口气，好吧！那你为了你的三个孩子，更应该拼命努力赚钱不是么？

同学发了个抓狂的表情说，唉！我就是不想活得那么累，有没有那种躺在床上睡觉就能大把来钱的好工作呢？

　　我简直要崩溃了，拜托，天上没有掉馅饼的好事，偶尔有一次两次，不是圈套就是陷阱！想要赚钱就得脚踏实地，吃苦耐劳！

　　同学满不在乎地说，无所谓了，反正我就是吃苦受累的穷命。我也不异想天开地赚大钱了，只要一家人平平安安，有口饭吃就行了。不是都说孩子得穷养么？把他们放在农村老家，让爷爷奶奶带着，一只羊是放，三只羊也是放对吧！孩子怎么都能养大。

　　我非常严肃地告诉她，孩子生出来就得对他们负责任，你可以不给他们良好的生活环境，但至少要让他们过上正常人的生活，在父母陪伴下快乐成长。你这样把孩子送回老家丢给爷爷奶奶，就是一种极其不负责任的自私行为。因为你的不努力和自私，父母无法安享晚年，孩子没办法在良好的原生家庭环境中健康快乐成长。

　　同学有些不服气地说，我又不是个例，你去农村看看，留守儿童一抓一大把。难道他们的父母都是不努力，都自私么？

　　我痛心疾首地说，农村普遍现象并不代表这件事情是对的，正所谓，所有的结果都和童年有关，留守儿童的成长和心理问题已经成为社会焦点。如果你们觉得在大城市打拼很累，赚钱很艰难，可以回到老家开个小店，既能陪伴孩子成长，还能照顾年迈的父母。请你们肩负起，一个成年人该有的担当和应尽的责任好吗？

　　如果你现在不努力，拿什么让孩子和父母过上简单快乐平淡的日子呢？

[3]

　　十几年前，18岁的小姨，在老家鞋城做了几个月售货员后，发现卖鞋利润非常可观，于是借了5000元钱，也在鞋城盘了一个专柜。

那时，曾经和小姨一起做售货员的姑娘们看到小姨起早贪黑的进货，玩命地卖货，每天累得像狗一样，非常不理解。

她们嗤之以鼻地说，女人将来终究要嫁人，相夫教子的，那么玩命地赚钱干啥。女人嘛，干得好不如嫁得好！只要把自己打扮得漂漂亮亮的，钓个金龟婿就行了。

小姨也非常不理解她们，只有干得好，才能嫁得好啊！同样是一天站十二个小时，你们为什么不自己干呢？给别人打工一个月才几百块钱，自己干一个月成千上万呢！

姑娘们个个把头摇成拨浪鼓，自己干多累啊！操心费力的，万一赔了咋办？还是给别人打工保险一点。再说了，我们可不像你一样那么庸俗，都钻钱眼里了，野心勃勃地非要赚大钱，钱是万能的么？有钱能买来幸福么？

年轻气盛的小姨怒不可斥，你们怎么那么自私呢？你们现在还那么年轻，只要稍微努力一点，就能给自己的老公减轻压力，让自己的孩子过得好一点，让父母安享晚年。是的！钱不是万能的，但没钱你拿什么养孩子，靠什么赡养父母。

姑娘们被小姨说得痛苦流涕，她们边哭边说，我们只是想过简单平淡的生活。

十几年过去，那些做售货员的姑娘们并没有因为年轻漂亮而觅得好夫婿，她们大都嫁给了和自己门当户对的打工仔，过着长期分居的生活。她们依然做着售货员，工资并没有涨太多，至少和飞涨的物价比起来相差甚远。

十八线县城的售货员福利待遇低到极点，没有五险一金，没有节假日，每天工作十二小时，一个月只能休息一天，还得看尽老板脸色。所以她们根本没有足够的时间陪伴孩子和家人。

人到中年的她们依然生活得很艰难，并没有想象中的简单、平淡、快乐。

小姨虽然并没有大富大贵，但全款买了两套房子，没有房贷的压力。虽然并没有嫁得很好，但小姨父名牌大学毕业，在重点高中当老师，工作稳定体面，节假日很多，有足够的时间陪伴孩子。

小姨工作轻松自由，随心所欲，有足够的钱和时间，可以带着姥姥姥爷来场说走就走的旅行，因为即使她不在，商场的销售业绩也依然很可观。

是的！小姨在该拼搏的年纪好好努力过了，所以她现在有资格过着简单快乐而平淡的生活。

正在年轻的你，如果家境一般，是没有资格选择所谓的平淡生活，因为，你的不努力，会让你和家人看不到未来和希望，你的不努力就是一种逃避现实的自私。

不要总说，我是一个女人，没必要活得那么拼。首先你是个成年人，就得有所担当，肩负起对家庭和社会应尽的责任和义务，撑起属于自己的半边天。

所以即使作为一个女人，你没有理由和资格，不努力，不奋斗。

正所谓，少壮不努力，老大徒伤悲，趁着年轻就应该多吃点苦头，这样到老了你才能轻松一点。

女人亦如此，那么男人们如果你非要用追求简单平淡的生活来逃避努力和奋斗，那就不要怪我说你太自私好么？

{ 年轻时不苦不拼 更待何时 }

[1]

昨天,和一群北漂的兄弟吃饭,他们都来自三四线城市,回到家乡一定能找着一个安逸的工作,领着一份不算高却足以让自己轻松过日子的薪水。

可现在,他们一个在金融公司打工,每天通勤就得一个多小时;一个在大型国企做法务,每天事儿杂的,就差给别人端茶送水、洗衣叠被了;还有一个在会计所当会计,忙时加班能到晚上十一二点……

问起他们为什么要北漂,答案却出奇地有默契:北京机会更多,比起舒服,出人头地才是自己真正的追求。况且,只有"脱贫"了,以后才有真正的舒服。

一个朋友说:北京是有梦想的人才会来的地方,而哪个人实现梦想又会是舒舒服服的呢?

事实正是如此。20岁就想要60岁的舒服,到了60岁那会儿,你就能感受到生活的不舒服和内心的挣扎了。一眼望穿人生的舒适并不叫舒适,那叫碌碌无为。

[2]

我曾经有过一段在外人眼里舒服得不行的生活。每天上班不用打卡,永远都能准时下班，工作压力几乎没有，下了班就是玩游戏，回到家吃了宵夜倒头就睡。一到周末，基本上都是赖在床上不动。我妈叫我出去运动，我不去；我爸说那你看会儿书吧，我不看。无所事事地把周末过完，又是轻松的上班时间。

一开始，我对这样的生活状态无比满足，就是给我个神仙做做，我也不换。

不过，很快我便进入了惶恐的阶段。我经常都会听到某个朋友做了哪个大项目，一个月流水上千万；某个同学签了笔大单，年纪轻轻就给自己买了一辆梦寐以求的跑车；某个发小考过了注册会计师，进了四大做会计，即将走上人生巅峰……

同龄人间的交流难免有些压力，当别人问起我的情况时，我才发现，自己除了长了几十斤的膘，别的事情一点长进都没有；除了尿酸高，业绩一点高的都没有，顿时羞愧得无地自容。

舒服意味着没有压力，而没有压力就等于没有动力，最终的结果就是当别人都在进步的时候，你还在原地踏步。当你在羡慕别人以后的生活会变得有多舒服、畅快的时候，你就会发现自己眼前短暂的舒适有多么不值一提。

[3]

我的一位作家朋友，是标准的不累不舒服主义者。要说，他的人生也算精彩了，在江浙一家不错的IT公司做部门主管，出国旅行、买房买车，他都轻易能做到。但他却并不满足，每天下班后，马不停蹄地回家写稿，一到周末则坐上火车，到不同的城市讲学。有时候，火车路程并不算远，他也要在车上好好地读读书。

不少人看到他干净舒适的家居，每天小车一开就去上班，钱也不少挣，都觉得十分羡慕。却不知道，他花在努力上的精力远高于常人。

我特别好奇他为什么不让自己轻松一些，他却说：生活中真正的舒服是在充实的行动中获得的，而不是在无谓的消磨时间里偷来的。

俗气点说，他是疯狂地挣钱，可往深处想，现在他获得的东西越多，未来的日子就绝对比那些懒散的人更舒服。

[4]

经常会有读者跟我分享他们奋斗的心路历程。有个姑娘留言说，自己学业挺忙，但梦想是当个歌手。她经常背着乐器到各个酒吧转悠，希望老板能给她个机会登台。因为上课，有时她只能下午去，但是酒吧晚上人才多，老板自然不愿意大白天花钱让人唱歌。于是她主动说免费唱，能上台就行。没钱、没观众，但只要能唱自己想唱的歌，一切都值得。

前一阵子，我还收到一个留言说，自己干了十几年的厨子，餐厅老板不愿意搞新花样，每天做的都是那几个菜，觉得没有突破。于是辞职，把自己不多的积蓄全都投入到创业当中，开了一家自己想要的餐厅……

我知道他们选择的道路一定不是好走的道路，他们将要面对的事情也一定不是轻松的事情。可是想想，有几个人的人生会是一顺到底的波澜不惊呢？奋斗的路永远不会舒服，或许会遭遇失败，或许会经历挫折，可是这些难过、这些不舒服也一定会让你充分地成长。

[5]

作家六六在《双面胶》里写过：这人哪，不能太舒服了，太舒服了容易得病。

以我的经历来说，太舒服何止会得病，年轻的时候太舒服，人就废了。

人不可能永远拿着一点看似过得去的薪水，安慰自己平淡是福，不累就好。当你老了，发现自己想做的事情做不了，想要的生活得不到，才会发现年轻时候用舒服来自欺欺人是多大的罪过，那时真的晚了。

前几天看到一组照片，说的是一个卸货工人，60岁，每天卸货300吨，每吨6毛。看了这儿，所有的懒惰和矫情都会掉到地上碎成渣。

实话说，我们比这个老人轻松多了，不用为吃不上饭担忧，偶尔想小资一把不觉得心疼，购物也不用一毛掰成两毛用，在家里就跟皇帝一样。

现在，只是叫你为了人生拼一把，苦一把，你怎么就怕了？

{ 我们与优秀之间 只差一个时间的距离 }

一个朋友跟我说，他总是太急了，好像自己还没学会走，就想去跑，所以常常把自己弄得很累。这种感受，我也有。

刚学日语没半年，我就想自己能够考下N1就好了；希望自己可以一年读上百本书，让自己一下子变得优秀；希望刚毕业第一年就可以拿到很高的工资，吃喝不愁，衣食无忧；写一篇文章，希望一夜之间可以刷爆朋友圈，红得人尽皆知……可是，后来这些期望大多事与愿违。当结局总是跟我期望的不一样的时候，我才明白，在成长这条路上，在变得优秀这条路上，我太过心急了。

急于求成，急于被人认可，急于翻身改变命运，急于得到一切。当这些操之过急的愿望没有实现的时候，我就同朋友一样，百爪挠心，辗转反侧。我变得焦虑、不安，时常觉得自己无能。我就是伴随着这样的心情，在最深的渴望里，努力着，学习着，纠结着，受折磨着。

我一边给自己打气，要不断努力，成为更好的人；一边又备受折磨，觉得自己为什么还是不够好，为什么比他人还是差那么多。别人红了、成名了，粉丝和年薪都几十万了，而我呢？

那种滋味真的不好受，它让你觉得自己太匮乏了，太无能了，太差劲了。坐在地铁里，我经常累到想哭；夜里睡觉的时候，也常是彻夜难眠。我的自尊心在折磨自己，我不能够容忍自己不够好，我不能够接受自己还不够优秀。

可是，接受自己不够好，承认自己暂时的"无能"，真的那么艰难吗？

记得一个同事跟我说，他最大的优点就是善于原谅自己。当自己犯错的时候，当自己没有达到自己期望的时候，当自己感到累的时候，他选择不为难自己。我想，我也必须承认自己不够好这件事了。我读书不够多，我的工资不够高，我没有几百万的房子，也没有几十万的存款。

我日语学了一年，还是很差劲；我没有保证自己每天都读书；我上班会迟到，周末会想在家睡个懒觉。那些我想一下子过上毫无压力的生活，一下子功成名就的愿望，都是源于对现状太过艰难的畏惧和恐慌。在困难的境遇面前，我做得不够彻底，我没有全心全力地去面对。累的时候，我总想要逃，怀疑自己，怀疑生活，怀疑理想的意义。

可是，在我如此沮丧的时候，我发现自己还是无法停下来。即便我接受了自己没有天分、不够优秀的事实，我还是不愿意放弃。起码我今天要比昨天好，我今年要比去年好，我明年要比现在好。我做不到一蹴而就，起码应该做到让自己越来越好。

事情为什么不能从另一个角度看呢？以前我只是一个在北京五环外实习的杂志社的小编辑，现在我已经跻身行业里非常有实力的图书公司做产品经理了。以前我一年读30本书，去年我读了50多本了。以前我连日语里的一句"谢谢"都不会说，现在我多少可以说点口语了。

我不全是无能，我只是还不够好，并且对于自己不够好这件事，太过心急，不能坦然接受。

我不是告诉自己今年要读100本书吗？我不是要求自己文章要写得越来越好吗？我不是在努力让自己升职加薪工资翻倍吗？我不是还打算去学学画画、练练书法吗？我不是对自己、对未来，都比从前更有信心了吗？

"我还那么年轻，不够好又有什么关系"，我能够越变越好，不就可以了吗？

那些功成名就的人，十年前也大多跟现在的我们一样，一无所有。可是，我们拥有跟他们同样的心气和斗志，十年后，我们也不会太差的啊。我们也许会成为他们那样的人，甚至比他们更好，不是吗？

对于年轻的我们来说，没有上过重点大学又怎样？没有一毕业就拥有金饭碗又怎样？没有进大公司获得优渥的待遇又怎样？没有男朋友，没车、没房、没户口又怎样……

身边只上过普通大学的朋友，后来摸爬滚打也年薪百万了。最初在七八个人的小公司里"暗无天日"的码字员，最后也凭借经验和能力进入上市公司了。以前没钱要住地下室的同事，现在也有能力住在三环的独居卧室了。

我们一直在努力变好，不是吗？只是在我们还不够好的时候，我们何不试着体谅自己。我们只是需要时间去改变这些，而不是埋怨自己无能。当我们累了的时候，我们就坐下来休息休息；当我们口渴的时候，我们就站起来去接杯水喝；当周末休息的时候，我们适当给自己放个小假。

比起成功，我更希望我们可以成为一个快乐幸福的人。比起你飞得多高多远，我更担心你过得好不好，心累不累。只要你一直在努力，让自己变得更好，就千万别太着急，别太勉强为难自己。年轻的我们，还有大把时间，用来改变命运。

一个朋友说，她觉得自己就像是一个孤单的星球，无父母依靠，没有朋友帮助，也没有爱的人关心照顾。那个时候，我跟她说，"当你自己足够好的时候，一切都会好起来的。前提是你要对自己会变得更好这件事，深信不疑。"

我们需要明白，跟优秀之间，我们不过只差一个时间的距离。

希望努力着的每一个人，坚持并快乐。

年纪轻轻，别一副老年人的状态去生活

跟朋友固定小聚。N小姐说今天实在不想洗脸出门，邀请大家去她家里聚。到N小姐家时，她一脸慵懒地把大家迎进家门。然后我们几个窝在沙发上，听着轻音乐，有一搭没一搭地聊天，各自手里握着手机，就这样一直到天色变暗。大家商量出去活动，但结果是：外面这么冷，雾霾到现在还没有散去，哪里都不去。一个小时后，我们吃着外卖，看着偶像剧。

N小姐引起了一个话题：自己看起来越来越老了，不再像是20多岁的女孩，让大家帮忙推荐一款去皱纹效果好的眼霜。一阵叽叽喳喳之后，小A说，"其实，用什么保养品都没有用，看起来衰老是因为我们过着老年人的生活，工作没热情，生活也没激情。"

我们五个人在沙发上窝了一下午，这在两年前几乎是不可能的。那时候，我们有太多想去的地方，太多想做的事情，太多想吃的东西，要一个一个去体验。还在年轻得不得了的年纪，我们慢慢失去了好奇心，生活对我们的吸引力越来越小，我们快乐的阈值越来越高，感兴趣的东西越来越少。

之前跟一个朋友聊天，他说跟现在比起来，以前快乐的阈值相当低。读大学的时候攒一学期的钱，买一个镜头，晚上做梦都是笑的。那时拍一张满意的照片，一天的心情都好到飞上天；现在能买到最高级的镜头，却再也找不到当时的快乐了。就算拍的照片获得摄影奖，也没有什么感觉。之前隔几天就会发现一种很好吃的东西，恨不得告诉全世界让他们都去吃；现在吃什么都是一

个味道，玩什么都没有兴致。

所有的这些不积极，都会在我们的脸上和心里表现为衰老。我想不起来从什么时候起，在周围的伙伴身上，青春变得模糊起来。

工作一年之后开始，男生肚子慢慢鼓起来，女生的脸上也开始看出岁月的痕迹。男生除了工作上还能斗志昂扬之外，其他活动都懒得去；女生越来越宅，最好能大门不出、二门不迈过一天。

打球，没意思不想去，也没有时间；爬山，没意思不想去，也没有时间；旅游，没意思不想去，也没有时间；逛街，没意思不想去，也没有时间……

不到30岁的一群人，一个个负重前行，活得不年轻。这群人以前不是这样的，短短几年时间，像换了一群人。之前就算是跑了一天刚从外面回来，同学喊一声出去吃夜宵，也是满口答应，套上衣服跑下楼；现在即使在家宅了一天，也还是懒得下楼，谁都叫不出去。

刚毕业工作那会儿，会穿越半个城市，排两个小时的队看展览。现在别说排队看展览了，路过展览也没有多少兴致走进去。

之前三天不运动，就感觉缺了点什么，浑身不舒服，好像满满的能量出不去一样；现在办了健身年卡、游泳年卡、瑜伽年卡，却总能找到一堆的理由，说服自己工作已经够累了，老胳膊老腿儿，就不要折腾了。

不管是不是老胳膊老腿儿，当一个人这么觉得的时候，他可能就已经不再年轻了。比这些更可怕的是，斗志被生活的柴米油盐消耗得差不多了，棱角也在现实之中消磨得不剩什么了。

有一天，闺密跟我说了一句话：我还记得我的梦想，但是我现在不想去实现它了。

她从小喜欢画画，如家人所愿上了重点大学之后，曾非常遗憾没能坚持理想去中央美院。后来学了不感兴趣的自动化，毕业之后做技术支持。一次加完班回家，她在人来人往的路上，看到背着画板的美院学生，突然想到自己已经有半年没有拿起画笔，一个人蹲在路边哭了。后来，她把自己画画的工具小心地收藏在一个箱子里，再没有打开过。

梦想还记得，但是已经不想实现了，是无能为力，还是无可奈何？还是在疲惫的生活里，在慢慢衰老的心里，梦想已经无处安放？

她说，不想再追求什么新鲜刺激，只想要一份稳定。她说，当心甘情愿地开始过重复的日子，就已经没有资格再谈梦想。她还说，放弃儿时的梦想，就彻底开始衰老了。最悲哀的事情之一是，人还年轻，心已经慢慢变老。

小A总结得对，我们之所以看起来衰老，是因为我们用老年人的心态，过着老年人的生活。

成熟跟年轻并不矛盾，也不代表衰老。我不知道二三十岁的年轻人，表情历经沧桑，穿衣服老气横秋，做事情不温不火，是真的在慢慢成熟，还是在故作深沉，用所谓成熟的外表来掩饰懦弱又慵懒的内心？

要想看起来年轻，就要年轻地活着。当我发现岁月毫不留情地在我的脸上和心里留下痕迹的时候，我对自己说要做点什么了——多运动，多体验，多出去走走；少抱怨，少八卦，少看电视剧。

只有从内到外都年轻地活着，才能有岁月抹不掉的美丽，时间夺不走的年轻。海明威曾经说过：这个世界是美好的，值得我们去奋斗。

趁年轻，去奋斗，去奔跑，去追求，用生活的热情去留住岁月，而不是用一罐罐护肤品和滋补品。

趁年轻，带着热情和勇气，年轻地活着。

{ 别让着急毁了你本该的节奏 }

我和朋友出去赏花，天气晴好，繁花似锦。我忍不住驻足，想要多看几眼这春意盎然的景致。随行的小朵却一直在催我，说不要再继续逗留下去了，赶紧出发去电影院，不然就赶不上之前定好的那场电影。

我看了看手表，还没到十二点，而电影是下午一点半放映，从这到电影院不过半个小时的路程，何必那么赶？小朵没有打算理我，急匆匆就拉着同行的几个好友赶路了，我拗不过他们，也赶忙跟了过去。为了早点赶到电影院，小朵在路上随便买了几个包子给我们，连午饭也没让我们好好吃，就催着我们打的过去。

路上并不算拥挤，半个小时后我们便到达了电影院，我一看手表，才十二点半，还有一个小时的富余时间呢！当时我就和小朵说："你看，这时间是足够的，你为什么偏偏那么着急？出来玩就是要玩得尽兴，如果急匆匆地走过场，什么风景都观赏不到，连一顿午餐也吃不好。你说我们还能愉快地玩起来吗？"

"可是，我就是怕来不及啊"，小朵说，"你又不是不知道，我这个人本来就比较'着急'。"

的确，小朵做事总是急匆匆的，什么事都怕赶不上、来不及。约会总是会提前半个小时到，但因为走的时候仓促，经常丢三落四，比如忘记带钥匙，忘记锁门，有时还会忘记带钱包。做什么事都紧紧张张快点做完，哪怕时间充裕，她也害怕有个万一。结果她常常把事情搞砸，要么是粗心大意，要么就是忽略细节，为此她没少被人批评和埋怨。就连谈个恋爱她也急急忙忙的，觉得自己已经二十几了，再不谈恋爱，说不定以后就成大龄剩女了，小朵于是参加各种相亲。比起生活过得有滋有味的同龄人，她的生活简直就是一团糟。

我有一次问她："你还那么年轻，干吗总是那么着急，先好好地过自己的生活，碰到了合适的对象再谈恋爱不行吗？"

她说："不行啊，我怕到时候就晚了。"

"可是你只会干着急也没用，有些事情是你急也急不来的啊！"

她没理我，依旧在某相亲网站疯狂地浏览各种信息。

说实话，我身边不乏这种干什么都特别着急的人。有个朋友开了个淘宝店，刚开一两天，看见没什么顾客心里就特别着急。我安慰他别着急，生意都是一点一点做起来的，慢慢来，说不定很快就会有顾客了。

他点着头，却还是心急如焚。或许是他不善于经营，又怕赔本，淘宝店没开多久就甩手不做了。而我认识的另一个朋友也是开淘宝店的，一开始也没什么生意，后来因为服务态度好、店里的产品质量高，生意是越做越大，店铺都快冲皇钻了。我向她取经，她回我说："坚持呗。一开始我也挺为没人买我的东西着急的，但是着急有什么用？与其干着急，还不如多想想怎么打广告，怎么吸引顾客呢！"

我表弟今年才17岁，也是一个心急火燎的小伙子。他一开始梦想当明星，电视上有什么选秀活动，他都积极地去报名。他说，出名要趁早，现在再不出名，等以后可就晚了。

我听过他唱歌，感觉一般，顶多也就KTV"麦霸"的水准。可他却一直坚信自己能够走上前途璀璨的明星之路，一被节目组刷下来就特别难过。

"你还那么年轻，着什么急，未来还远着呢，你现在好好学习不就行了?"我劝他说。

"表哥,你这就不懂了。我现在这个年纪可是最青春的时候,我就不说那些童星了,你该知道TFBOYS吧,他们比我还小,现在不也是大受欢迎的人气明星了吗?我再不急,就晚了。"

后来在家人的强压下,表弟暂时放弃了当明星的念头,但他还是想出名。他跟我说他想红,想当一个被人喜欢和追捧的网红。为此,他注册了一个微博,天天发段子、鸡汤和自拍。一个月过去了,他难过地和我说他的粉丝还是少得可怜,加上同学的关注,粉丝总数还不到一百。

我笑他:"你看我的粉丝也不多,但我有你那么急吗?况且这种事也不是你急就能急得来的啊。"

他反驳我:"我急怎么了?你看看现在这个社会,人家随便写几篇文章,转发点赞分分钟破万。人家随便发几个吐槽视频,粉丝就刷刷往上涨。为什么别人可以,我就不可以?"

我说:"像你这么浮躁,就算真有那么多粉丝,你也留不住。"

或许在这个日渐快速的信息化时代,人们变得越来越忙碌,也变得越来越着急。本来不应该担忧的事,却急得跟什么一样,就算是年轻人,也总怕来不及。别人8岁就开始写作,17岁就出了书,于是你为自己着急;别人6岁就去演戏,现在已经是娱乐圈里炙手可热的明星,于是你为自己着急;别人写的文章、做的视频发到网上受到追捧,一夜之间就涨了几万个粉丝,于是你也为自己着急。可是着急有用吗?没用。

小时候我常常因为急着吃刚出锅的热菜而被烫了嘴,这时我妈总是教导我说,孩子,心急吃不了热豆腐啊。确实,心急吃不了热饭菜,心急也干不好事情。凡事都讲求循序渐进,不是你着急就能把一切做好的。很多时候,就算你再着急也没有用。

要是你真想着做好一件事情,那就褪去浮躁,放下焦虑,克服着急,认真努力地去做事吧。你想成为明星,就好好练习,掌握一技之长,打造自己的特色,挖掘自己的潜质;你想当一名作家,就多看书、勤写文,找到一条适合自己发展的路;你想成为一名网红,就好好经营自己,沉淀下来,或靠颜值或靠内涵征服粉丝。

我知道你一定非常羡慕那些年轻又成功的人,我也很羡慕,但我知道光是羡慕是没用的,光是着急,光是忙碌也是没用的,一切都有其规律。你急不得,也不必急。光是急于求成,却没有才华,那么你的梦想注定会让你失望。

你还那么年轻,千万别着急。坚持自己的梦想,好好努力,不停奔跑,总有一天你也会慢慢地发光发亮。

别让未来的你，埋怨现在就选择安逸的你

最近很长一段时间，我都在加班，回到家还得想想怎么写文，怎么和合伙人把公众号做起来，朋友约我逛街吃饭，总是被我推辞。他们说，要不是给我打电话，真以为我进了什么传销组织，成日昏天黑地似的干活，还一副鸡血满满、斗志昂然的样子。

我知道，自己并没有过人的智商，也没有什么背景，想要做成一件事，总是得花上比别人更多的时间，所以不能没有鸡血没有斗志啊，否则拿什么来逼着自己前行？

有个年纪稍大我点的姐姐总是劝我，你还年轻，是撒欢玩耍的大好时候，何必忙成这样呢？

其实，谁不想愉快地玩耍恋爱，或者嫁个土豪少奋斗几十年。只是我知道，所有的幸福与舒适都是建立在你有实力的基础上。比起灰姑娘的故事，我更愿意相信，旗鼓相当与势均力敌。当你自身具备闪耀的光芒时，自会被人望见，也自会有同样闪着光芒的人，与你携手并肩。

对于她所说的，我总是笑笑。我不敢告诉她，自己还准备考研究生。每周五下班，我心急火燎地赶场上课，一直上到晚上十点，而周六、周日也是全天课满，比起几年前读大学的时候，我更忙了，但也收获了更多。

我自己清楚，时光会一点点从指缝间溜走。有一天，我们可能不再年轻，但我希望那时的自己，能活得更加从容淡定，有足够的能力应对生活里的

波澜，有成熟的思维、厚实的荷包，给自己与所爱的人幸福与安稳。所以，我不敢太闲，也不愿太闲。

认识的一个学妹，去年刚毕业时，常常发微信问我，人生很迷茫，很无措，逢考必败，工作也不顺，日子过得好心累，好绝望，怎么办？

我问她："那你有做些什么来改变吗？"

她说："我就是不知道该做些什么，所以才很苦恼。"

我有些无语，但不好意思直接戳破。她哪是迷茫啊，只不过是过得太闲了，想太多却做得太少，才有时间感叹那些无谓的烦恼。若是把那些精力花在努力改变现状、努力提升自己上，那又怎么会迷茫呢？

后来，我们又聊了些生活琐事，才知道，她平常郁闷时，就去看韩剧，耗费了大量时间。等追剧结束，猛地意识到自己浪费了光阴，心情更加低落，只能再找下一部热片，周而复始。

我给了她一个建议，既然喜欢看剧，那肯定很有感触，不妨写写影评。没想到，她果真去做了，还坚持了快一年。

起初，她常常发文给我看，渐渐地，她发的次数也少了，因为愈来愈忙。现在，她除了写影评，还接了不少编辑的邀请，写写其他文章。更让人意外的是，她竟然跑去剧组，兼职做起了编剧助理。

几个月前，我再见到她时，她整个人都和以前不一样了，眼神里多了一股从未有过的坚定和自信。

她告诉我，现在每天都要做很多事，虽然累了点，但却过得特别充实。当生活忙碌起来，根本没有时间无病呻吟、胡思乱想，更没有时间去迷茫；当所有精力都放在努力与奋斗上时，人生也开始变得有意义，而一个个成功也会纷至沓来。

很多人会问，怎样才不算过得太闲，难道每个人的人生都得马不停蹄地工作学习，才叫做作不闲吗？

每个人对生活的憧憬不同，但是当你夜晚躺在床上，能细细数出这一整天做了些什么，并且不会因没把握好时光而感到不安和自责，不会因自己毫无成就而对未来彷徨，那么，这一天对你而言，便是没有虚度。

当你清晨醒来，脑中早已做好了一天的规划，并愿意为之调动自己所有的热情，昂扬斗志地完成所有；你愿意相信，只要自己坚持下去，就能日有精进，那么，这一天，对你而言，就算有意义。

我所认识的朋友，他们大多都很忙碌。有的在假期狂练马甲线，有的深夜还在苦苦写文，有的是身兼多职，有的研究烘焙蛋糕甜点……他们不仅仅把时间投入在工作学习中，更多的是让生活充满乐趣和期待。

我们现在才二三十岁，对于整个人生而言，仅是个开端。一切都有可能，我们不必迷茫，不必太早地享受安逸，而该去做自己想做的事，去过自己想过的生活。希望未来的你，没有遗憾，不会感叹曾经年少荒废了青春，而是因为年轻，活出了最美好的样子。

第二章

迎接困难，渡过艰辛便是晴天

{ 不惧失败，才能挑战成功 }

人生的道路曲折漫长，在人的一生中充满着成功与失败、顺境与逆境、幸福与不幸等矛盾。如工作上失败、生活的穷困、家庭的离散、身体的疾病伤残等等。当今青年人所遇到的挫折如竞争失败、恋爱失败、家庭矛盾等。

对挫折我们不能消极地忍耐或回避，而应直面正视人生挫折，积极寻求克服和战胜挫折的有效途径，抚平伤痕，向人生的成功目标奋斗。古今中外一切杰出人物，没有一个是一帆风顺走向成功的。在失败和不幸面前，他们无不是选择了发愤图强之路，一个个奋起与人生的逆境抗争，紧紧扼住命运的咽喉，做生活的强者，通过自己的艰苦奋斗，最终迎得命运的青睐。

第一，有一个正确的挫折观。世界上的一切事物都是相对的，挫折也一样，它能给人以打击、痛苦，它也能使人奋进、成熟。"自古雄才多磨难"，古今中外那些在政治上、科学上、文学艺术对人类做出了较大贡献的人，几乎无不经历过挫折和失败。

第二，战胜"自我"。让我们来看看列宁的一件小事。列宁在一个漆黑的冬夜要越过芬兰边境回国领导革命，在路上，一条冰河横在他面前。河里的冰已经开始融化成许多冰块浮在水面上，踩着冰块过河一点也不能迟疑滞留，否则就可能掉到河里。列宁没有丝毫的胆怯和犹豫，他果断迅速地踏着浮冰很快到达了对岸。

面对浮冰，过河人要么返回原路，要么像列宁那样毫不犹豫地走过河去，但不管你是退缩还是过河，冰河是不会改变的，而改变的应当是过河人自己。看来，挫折的关键在"自我"，要战胜挫折，首先要战胜"自我"。

第三，调整目标。挫折总是跟目标连在一起的，挫折就是自己的行为受阻，心中的目标暂时没有实现。因此，当受到挫折后，要重新衡量一下，目标是否订得过高，是否符合主、客观条件，如果确属目标不切实际而造成挫折，那就要重新调整目标，使自己既定目标符合实际水平。

小品《前边有棵树》里的两个女青年，一生坎坷，遇到了下乡插队、失恋、离婚、下岗等一系列挫折，但她们反复互相鼓励着同一句话："世界上没有值得让你流泪的人和事，值得你流泪的人不希望你哭。"到了老年生活的得非常幸福。说明遇到烦心的人和事，只有调整自己的心态，调整奋斗目标，战胜困难，继续前进，才可到达理想的彼岸。

第四，善于摆脱挫折给自己带来的烦恼。遇到挫折而产生了悲观失望的不良情绪，应该采取适当的方式，将不良情绪排泄出去，千万不要把它压在心里。有了烦恼，可以向亲友倾诉，与人闹了矛盾，要及时解开疙瘩，消除误会，工作上碰到困难，要多向领导和同志们请教。甚至健康的业余爱好，积极的体育活动，甚至在野外大喊几声，都是消除不良情绪的好方法。

第五，把挫折当作"镇静剂"。挫折既是一种"兴奋剂"，它可以激发人的进取心，促使人为改变境遇而奋斗，它能够磨炼人的性格和意志，增强人的创造能力和智慧。同时，挫折也是一种"镇静剂"，它可以使头脑发热的人冷静下来，这对于青年尤其重要。有的青年好自以为是，对善意的批评、忠告、劝诫总是听不进去，那么，我们就可以耐心等待，当他在实践中碰了钉子，他会后悔当初没听大家的话，也许还会感谢你，以后会对你的话加倍注意。

第六，培养良好的个性心理品质。从对挫折容忍力的分析也可以看出，是否具备良好的个性心理品质，对于战胜挫折尤为重要。如果心理品质不良，就会对挫折产生错误的知觉判断，从而增强对挫折的感受性，降低对挫折的耐受性；反之，一个人具备了较优良的个性心理品质，就能充满信心地迎接挫折的挑战，直至完全战胜它。

青年人，要勇于投身到火热的生活激流中，认识"自我"，完善"自我"，形成良好的心态与个性。心态主要是要靠自己静下来好好想想，要冷静地面对，头脑不能发热。遇到挫折应进行冷静分析，从客观、主观、目标、环境、条件等方面找出受挫的原因，采取有效的补救措施。要善于化压力为动力，更要经常保持积极和乐观的态度。要能容忍挫折，学会自我宽慰，心怀坦荡、情绪乐观、发奋图强、满怀信心去争取成功。

何时跌倒何时起，起来重整旧时衣。应该懂得："爬起永远比跌倒多一次"，不要像万荣笑话里说的那个人，早知道第二次还要跌倒，那第一次跌倒就不需要爬起来了。永远都不要认为挫折是坏事，塞翁失马，焉知祸福。《淮南子·人间训》中说：住在边塞的一位老人丢了一匹马，人们都来安慰他。他说：怎么知道就不是福呢？后来，这匹马果然带着一匹好马回来了（比喻坏事也可以变为好事）。受了挫折想想原因，即使一下子想不明白，想多了就会有体会。所有的正反两方面经历都会有收获的。反而如果成功了也可能是不好的事，接着来的是噩梦也是可能的！总之，不要把挫折当作坏事就行了，即使是坏事，坏事也可以变成好事。

要想正确对待挫折，首先要学会正确看待挫折，要有不见棺材不落泪的精神，不要让挫折把握你的感情，你要相信挫折是生活对你的磨炼，是你走向成功的一条必经之路。见到挫折不要躲避，你要正确地去面对，在哪里遇到挫折就在哪里爬起来，也就在哪里找到了锻炼的机会。要相信自己的能力与毅力，这是你面对挫折的最好办法。

不要在乎他带给你的失意，要看清你的未来大道的宽广。只要你有的是努力，就会有的是收获，"失败"是成功之母，"挫折"是你收获的最好的果实，你可以从中得到你所想要的经验，这就是挫折的收获。战胜了挫折，说明你在向成功迈进，逃避挫折，挫折会终生缠绕着你，成为你一生的永远摆脱不了的一块心病。

世界上没有一成不变的事物，学会以辩证的观点、发展的眼光看待每个人的变化的。关键是自己有没有信心，希望之桥就是从"信心"开始，如果没有自信心的话，你永远不会有快乐。希望青年朋友们都能结合自己的实际，从中悟出一些道理来，记住并相信这么一条真理：未来不在命运中，而在我们自己的手中。

人生之路，机遇与挑战并存，成功与失败相连。我们所应做的就是善待人生，向往追求成功，但丝毫也不惧怕失败。我们不一定能拥有一个个美丽的风景，但完全可以创造一个美好的心境，以此去努力和追求，那么在我们的前方将会有坦荡的旷野和蔚蓝的天空。

{ 当苦难过后，你会发现，其实它并没有那么可怕 }

人人都有过受迫害的青春。那段时间里，我们不被理解，活得很难受，就像是一条离开水的鱼。可是回头看看，总不是一无所有的。感情受挫友情来弥补，友情受挫亲情来弥补，亲情不够爱情来填。其实谁都没有输光手里的最后一张牌。下一步，怎么出牌，全在自己手里。幸福总会来的。只是，也许不是现在而已。

我有一个朋友A，以前和人表白狠狠被拒。后来初恋，对方劈腿，分手。就此有些沉沦，游戏人间，再也不肯拿出一颗真心去爱别人。总是看着他为了别人的错误在惩罚自己，然后继续去折磨着别的无辜的人。他不快乐。被他伤害的人也不快乐。而伤害他的人，如今也不见得过得有多好。

我有一个朋友B，以前因为一些事情，和同学几年没有说过一句话。每天独来独往，小心谨慎地做人，任何事都努力做到最好，只是怕被不喜欢的人嘲笑。总是看见他挣扎地活着，活得很累，很辛苦，不知道为了证明什么却依旧会去证明下去。他不快乐。他说，幸好我坚持了下来，没有崩溃。可是他的眼里，有深深的疲惫。

我有一个朋友C，关于她的绯闻和传言在传播。她很苦恼，自己只是按照自己喜欢的方式活着，没有对不起任何人，也没有伤害任何人。可是为什么呢，还有人会去编造关于她的流言蜚语。居然还有人会去信以为真，以为她是那种品行不佳的人。她不快乐。她别无所求，只是期待一个公平的对待。

我有一个朋友D，从小和家人关系不好。父母更偏爱年长的哥哥，也不重视她。不记得她的生日，不会给她买东西，也不知道她爱吃的菜。她也曾经很想问父母，既然你们不爱我，何必又要生下我。她不快乐。她渴望能和别人一样，家庭和睦，其乐融融。

我们站在此处，名为青春的路口。能不能问自己一句：亲爱的，你快乐吗？想想，其实也是不快乐的。想要的得不到，不想要的偏偏也会来打扰。可是再想想，自己又何必。未免"少年不识愁滋味，爱上层楼，爱上层楼，为赋新辞强说愁"。

小时候，以为自己的世界很小，看见一片天空就以为是全部。长大了，才知道自己的世界很大，天无边，海无涯。小时候，总会为了缺失一点什么，就觉得整个天地都变了颜色。后来，慢慢学会了百毒不侵。我们都会告诉后来认识的人自己之前的故事，总会描述得悲惨一些。其实自己想想，原来那些岁月，不过如此。如果真的悲惨得让人无法呼吸，那我们又如何会波澜不惊地长大。我们不是逆来顺受了，只不过看穿了这个世界上不可能毫发无损地获得全部的幸运。活着，总会失去一些什么。例如"我手里拿着刀，无法拥抱你，我放下刀，无法保护你"。

那个游戏人间的朋友A，有着很支持他的朋友们一直陪在他身边不离不弃。那个独来独往的朋友B，有着一双很爱他的父母，时时倾听着他的心声。那个被人误解的朋友C，有着别人羡慕的才华，深受长辈的赏识。那个不受宠爱的朋友D，有着一个对她很好的恋人，想要一辈子陪着她。

{ 用快乐包容痛苦，用喜悦包容忧伤 }

[1]

那时，正处在人生挫折期的他，请教一位长者，如何去战胜人生的苦难？

长者说，看看旷野中的树吧，看懂了它们，就知道如何去战胜人生的苦难了。

他看着旷野中的树，可并不能看明白什么。

长者说，在烈日下，在冰雪中，树有房子为它们遮日御寒吗？在风暴中，在雷雨中，树可以拔腿就逃吗？不能，树没有房子，没有腿，它们无法回避，无法逃离，它们只有独自承受，独自与苦难抗争，正是这种对苦难的承受和抗争，使它们变得更加坚忍和强大。也许，这就是树能活上千年而人难以活过百岁的原因吧。

当他再去看那些旷野中的树，看着那些没有房子、没有腿的树时，似乎明白了许多。

[2]

邻居家的房前有两棵树。为了方便晾晒衣服，邻居在两棵树间挂了一根铁丝，铁丝的两端分别在两棵树的树干上各箍了一圈。

随着树干的长粗，铁圈越箍越紧，慢慢地勒进了树里。再后来，铁圈越勒越深，树干被勒出了一圈深深伤痕。到最后，铁圈竟完全长进了树里，看不见一点铁圈的痕迹，只是在树干的表皮留下了一圈淡淡的疤痕。那时，每次我看到这两棵树，我就担心它们会不会被铁圈勒死。可一直到现在，这两棵树不但没有被勒死，反而越长越高大，越长越枝繁叶茂。

随着我年龄的增大，随着我对生命和苦难理解的加深，我似乎明白了其中的一些道理。对于这两棵树来说，当它们无法摆脱苦难（铁圈）时，它们就用生命去包容苦难（铁圈），把苦难（铁圈）"长"进生命里，把苦难（铁圈）看成自己生命的一部分。

当我们无法回避苦难时，去学会像这两棵树那样，去正视苦难，去用生命包容苦难，把苦难"长"进生命里，把苦难看作生命的一部分，这不仅有利于我们生命的成长，而且还会让我们一路走向坚强。

[3]

很多甘甜的果实，其果核却是苦的。

一颗苦涩的核，为什么能拥有甜美的果肉呢？

直到我读到一位诗人的诗句，才有所启悟。诗人说：每一颗珍珠，都有一粒痛苦的内核。

诗人的话，让我想起了小时候。那时，见圆圆的珍珠，像是一粒粒种子，于是，便把珍珠作为种子种进地里，并不断地给它浇水、施肥，祈望它长出一棵珍珠树，结出满满一树珍珠果。而母亲告诉我，珍珠不是地里种出来的，不是浇水浇出来的，不是施肥施出来的，不是关爱呵护出来的，而是蚌经受千般痛苦，用生命的心血把一粒粒制造苦难的沙子变成了一颗颗闪光的珍珠。

对珍珠来说,那粒痛苦的内核,就是给它灾难、给它不幸、给它泪水的沙子。但你再看看珍珠的表面,像不像一张灿烂的笑脸?

哦,我明白了,当你用欢笑包容泪水,用快乐包容痛苦,用喜悦包容忧伤,你就能成为一颗光彩夺目的珍珠,成为一枚甘甜美丽的果实。

学会与苦难和谐共处

哈他瑜伽里有一个非常实用的调息与冥想体式,叫全莲花坐。

说起来很简单,只需挺拔腰背坐着,将左脚放在右大腿根部,脚跟抵住右侧小腹,然后将右脚脚心向天,尽量放在左大腿根部,脚跟抵住左侧小腹,双膝贴向地面即可,两脚的位置还可互换。

但初做这个动作时,两脚的脚踝和膝盖处会有比较强烈的疼痛感,很多人刚把脚掰到小腹旁边就因无法忍受这种疼痛而放弃,或者退而求其次选择半莲花坐。

我也放弃过很多次,偶尔能坚持几分钟也是把注意力转移到其他部位的结果。

直到有一回,我决定尝试着与这种痛感相处,不去抵抗,也不逃避,闭上眼睛静静地感受脚踝处的酸痛,保持呼吸的深厚缓慢。

慢慢地,内心自然而然浮动出一种感觉,好像我的呼吸不是肺部和呼吸道完成,而是由脚踝和膝盖完成的一样。

换言之,我感觉到疼痛的部位在自由呼吸,像是所有的关节都在随着这种悠长的节奏缓慢起伏一样,从前无法忍受的疼痛感渐渐退出,取而代之的是这两个部位在逐渐向上生长,就像春天刚钻出泥土的嫩芽第一次展开叶片要向着广阔的蓝天伸个懒腰一样。

那次冥想一直持续了半个多小时,当我从中出来的时候,我明白了什么是心平气和地与疼痛相处。

让我决定做这个尝试的动力来自一本书。

心理学者武志红在他的《身体知道答案》一书中提到过，当你出现某种负面情绪时，不要试图去抵抗或逃避，最好的办法是尊重这种情绪的存在，允许它在心中涌动，让自己沉浸在这份情绪里也无妨，慢慢地你能够解读到情绪背后的信息，当你完全了解为什么会出现这种情绪以后，它就会逐渐消融，转变成对自己更深层次的理解。

我的一个朋友，总喜欢隔三岔五地向我宣贯一些励志名言、成功学金句等，或者实在词穷，也会隔几天就没来由地在聊天平台上给我留一句"加油"之类的鼓励语，我常戏称他在试图给我"打鸡血"。

我们有过比较深刻的交流，彼此倾诉过生活中的苦难和压力，我明白他为什么要给我"打鸡血"。因为他对付压力的方式就是抵抗，与苦难抗争，并希望最终战胜苦难。而要长时间保持这种抗争精神不至于懈怠，又要维持自己的行动不至于懒散并不是一件容易的事情。所以他非常需要被励志、被鼓励、被感动这类强烈的情绪刺激。

他希望我也和他一样能够战胜生活中的苦难，因此总是好心的、隔三岔五地给我"打鸡血"。每当这个时候我就知道，需要精神激励的人不是我，而是他。

我并不把压力当作敌人，它们和生活中的其他元素一样，没有贵贱之分，来之要心安，去了也不必激动，心平气和地与压力相处，不急躁也不逃避，做出的努力不是为了抗争压力，而是像呼吸一样成为生命的自然状态。

就像把疼痛和舒适当作平等的感受一样，把苦难和欢愉也当作平等的际遇，学会与之相处，用一颗平常心来安放这些原本就平常不过的情绪。

挫折才不是你成功路上的绊脚石

在奥斯卡的颁奖舞台上,她侃侃而谈,以犀利的幽默吸引着众人的视线,3个小时的直播让人充满了无限激情。她就是美国著名脱口秀节目主持人艾伦·德杰尼勒斯。

艾伦13岁时,父母离异,她选择跟着妈妈一起生活。婚姻的失败与生活的压力,让艾伦的妈妈患上了重度抑郁症。一天早上,艾伦洗漱完毕准备到厨房去做早餐,刚走到厨房门口,她就看到母亲站在厨房的操作台前,这让她很疑惑,妈妈已经很久没有给她做过早餐了。艾伦悄悄走上前去,看到妈妈正准备用水果刀割腕,吓得她立即上前从妈妈手中抢走了水果刀。从此,艾伦将家里的刀子全部藏了起来。

为此,艾伦专门请教过医生。医生告诉她,要多开导病人,多给病人带来欢乐,以缓解病人的抑郁情绪。艾伦听从医生的话,每天放学回家都要给妈妈讲讲学校里的事,一开始妈妈毫无反应。为了引起妈妈的注意,艾伦就在语言与动作上下功夫,她发现故事讲得越幽默越能引起妈妈的注意。之后,艾伦将取悦妈妈作为一天当中最重要的事情。

艾伦经常看书,好从书中发掘有意思的事情讲给妈妈听。时间久了,这看似无意的举动,不仅让妈妈的病情得到了缓解,也让艾伦的口才得到了锻炼。从此,她爱上了这种表演形式。在学校的晚会上,她常常将生活中发生的事情,编成脱口秀表演给大家。

大学一年级后，因为交不起学费，艾伦被迫选择了退学。为了维持生计，她开始四处打工，做过饭店的服务员、女领班、酒保，还做过油漆工，卖过吸尘器。一天，她在下班回家的路上，看到一家咖啡馆正在招聘脱口秀演员，她很兴奋地前去应聘，并幸运地被录取了。但是没过多久，她就因为观众不认可而丢了这份工作。

看到艾伦因为丢了工作十分沮丧，妈妈安慰她说："我曾经看过的一本书上说，每一次挫折都是一种成功。因为你在这次挫折里，明白了下一次怎样才不会重蹈覆辙。日积月累，挫折就成了你成功的奠基石。"艾伦听了觉得这句话很有道理，于是重新鼓起勇气去找她喜欢的脱口秀工作了。

在艾伦不懈的坚持和努力下，20世纪80年代，她开始随所在的俱乐部到美国各地演出脱口秀。一天，她在电视上看到电视台要举办喜剧小品大赛的消息，便毫不犹豫地报了名。在这次大赛上，艾伦凭借机智的幽默和精准的表演一举夺魁，赢得"全美最搞笑的人"的称号。从此，艾伦的舞台从俱乐部转移到了电视台，她也从一个俱乐部里的表演者一步一步地走进了喜剧演员的队伍。

之后，艾伦凭借丰富的知识面与富有特色的机智幽默，被很多美国著名的电视脱口秀节目邀请做主持人的搭档，还参演过一些电影。可是她一直都是配角，这一度让她非常沮丧。

1994年，艾伦出演了以她名字命名的电视剧《艾伦》。她的戏剧才华获得了观众的认可，并且获得了两项美国艾美奖提名。2003年，艾伦终于以自己的实力，争取来一档以自己名字命名的脱口秀节目——Ellen。这个节目一经播出便得到了很好的收视率。

正所谓天道酬勤。如今，艾伦已经赢得了14个艾美奖。在2013年福布斯全球100名人榜中，她排名第10。迄今为止，艾伦是历史上唯一一位主持过奥斯卡奖、格莱美奖和艾美奖的主持人。

在每个人的生命中，都会遇到挫折。有人将挫折当作绊脚石，退回了原点，而有的人却把每一次挫折都化作继续前进的动力，最终迈上了成功的阶梯。

{ 你有面对所有困难的勇气，便有收获最大机遇的可能 }

说到机会，我们通常是指那些稍纵即逝的有利条件和境遇。当好机会来临，仿佛天时、地利、人和都汇聚在一起。于是，我们会无数次地感叹，做了许多努力，只差一个机会。对拥有好机会的其他人，我们也会或羡慕或妒忌。

若你只着眼于大家都看得见的出人头地的成功，那机会看上去是很有限的。看过一本书，它意味深长的书名已经隐喻了这一点，书名叫作《第一名只有一个》。时下吸引眼球的成功，其定义往往很窄，于是一开始成功的机会就不多：学校里，每个班级几十人，即便大家同等努力，最终第一名只能有一个；机构里，从基层到高层，人数一般呈金字塔形，越往上走，职位越少，盼望升职的人远远多于可以升迁的职位。众人云集、人头攒动的公共空间里，能瞬间获得万众瞩目的人寥寥无几……

本来实力、素养、业绩相差无几的人，为什么人家能上去你就上不去？你可能会归结为：我就差一个机会。很多时候，我们认为能得到机会与人的出身背景、美貌、会来事儿等有关，而跟所有这些都无关的，那就是格外幸运、上天垂青。

然而，机会本身暗含着偶发因素。看待别人和自己的境遇，如果只看到他运气好、得到了机会，我运气差、没赶上机会，或者把希望寄托于不可测的时机，那对自身的成长或成功实在没有太大的帮助。已有无数人说过类似的话：只知等待机会甚至抱怨没等到，是弱者所为，强者会主动创造机会。

能主动创造，不再依赖变幻莫测的外界条件，不是消极被动地等待，也不是烦躁郁闷地抱怨，而是把自己的目标、选择、意愿、勇气、热情、实力、灵活应变都投入进去，去和周遭的人及环境互动，在变化中博取所需要的机会。

当有人持续这样做，在努力寻找和创造机会的同时，也努力修炼内功提升自己，你会渐渐发现，即便一次两次失败了，只要没有遭遇太恶劣的环境（比如天灾人祸），这种人迟早能成事。他们无须依赖偶然时机，无须感叹运气不佳，对他们不断提升的实力来说，有所成就是必然的。

当你拓展视野，把一切有利于成就自己、提升人际关系、改善处境的条件际遇都看成机会，包括从天而降的，也包括自己主动去争取去创造的，那机会就非常多。这时值得注意的，仍是转换眼光。同样的条件下，有人看得见机会，有人只看见问题和障碍。就像一个老故事所说：两个都卖鞋的销售员，分别去考察同一块处女地。一个沮丧地回来报告说：没有机会，那里的人都不穿鞋。另一个则兴奋地回来报告：有极大的发展机会！那里的人都还没有鞋！

当然，后者看到的大好机会真要实现，至少还要摸清有相应购买力或潜在购买力的都是哪些人，此外还要有心理准备，培育市场需要一点时间。无论怎样，有善于发现和捕捉机会的眼光，从长远来看，更容易获得成功和幸福。

好眼光包括清楚地知道你要去哪儿，目标明确时，既可以节省时间，只做与目标一致的事，也有机会把每一段经历都转化为更接近目标的阶梯。很多人面临的是另一重困惑，不是没有机会，反倒是选择很多，认不清哪个才是真正的好机会。

前两年听过一位创业者的经历。那是一位已经在自己的领域成功并成名的女士，人到中年下海创业，愿意跟她合作的机会从四面八方涌来。在花了不少时间去弄清到底哪些才是好机会之后，有一天她忽然明白：重要的是先得知道自己要去哪儿，真正要什么。

当你眼光足够好、清楚自己要什么，又专注于你能决定、能选择、能影响的范围，不愁机会不出现。你需要做的，只是健康地生活，做你热爱的事情（无论那能成为工作还是始终作为爱好），跟亲朋好友善意相处真情互动，学会肯定自己与他人的美善和闪光点，发现、创造并享受日常生活中的赏心乐事……总有一天，机会来敲门。可以说，每一天都在给你一个全新的机会，让你能够更加认识自己，活出自己，越来越学会去爱，也让自己活在爱中。

远在澳洲教中文的kiki最近在邮件里说，有了三年做对外汉语老师的经历之后，她最近得到了好几个绝好的机会，都是她曾经梦寐以求的。只不过以前资历太浅，只有站在人家门口流口水的份儿，但是现在，当她努力克服一切困难做到第三年的时候，各种机会像刚睡醒了一样，排着队来找她了。她跟我说，一个工作，无论行业开放性有多大，无论你的工作地点在哪里，都有无处不在的可能性。所以，亲爱的，不管是岔路还是阳关道，认认真真走下去很重要。

认认真真坚持一件事当然是很难的，特别是遇见困难的时候。比如我自己，从实习到正式工作，从事公关行业已经整整五年了，中间不可能一直都那么顺利，也曾信誓旦旦，决心不干了，太累了。那阵子，我每天做报告做到恶心。有一次连着写了好几个新闻稿，到最后对着电脑屏幕恶心得直想吐。每天都要面对高强度的压力，加班到很晚。

可是每当有一点小小的进步，比如这个会写了，那个也会做了，认识了好多如果不上班就不会认识的人，看到行业里很牛的前辈做出来的漂亮案例，还是会慢慢说服自己，坚持一下，再坚持一下，就这么放弃真的很可惜。

偶尔我会帮朋友出主意、想方案，或者写个什么东西，总会得到对方的赞赏，夸我很专业、很标准。每到这种时候，我便会念起公司的好。虽然我很辛苦、很难过，压力大得睡不着觉，但仔细想想，这几年的专业训练把我从一个什么都不管不顾、乱穿衣服、乱说话的野孩子，训练成一个做事有边有角，说话有模有样的职场人。我的一个朋友频繁跳槽，半年一次，理由就是不喜欢了。结果跳来跳去，工作内容基本没变，一直都是不喜欢。我没说什么，只是有点替她着急。

我记得刚开始工作的时候，也觉得对很多事情不屑一顾，觉得什么都很简单，觉得自己应该能力很强，花了那么多钱和时间学这个学那个，学历、学校、背景、英文哪个都不差，结果跑到跨国公司里递快递、画表格、数数字来了。那时候我跟很多人一样，觉得自己出去也应该能谈个生意吧，或者能带几个人做个项目吧。

求职的时候我投了三个简历，百发百中，接连拿offer，最后挨个跳槽。我在第一家公司画表格、打电话两个月，在第二家公司画表格、打电话、写PPT 5个月。我以为以我7个月的跨国公司经历来第三家公司，能有什么高级点的事儿干，结果却发现我干什么都不扎实。同事一起吃饭都不知道该说什么，永远闷着头沉默地吃；和媒体谈合作不知道说什么，永远瞪着眼睛听；出去吵个架都抓不住重点，吵着吵着就忘了论据是什么了，丝毫没有逻辑性。

只有一切从头开始，才能让我自卑的小心脏踏实一点点。所以我又画表格、写PPT，6个月之后才宣告扎实地转正入职，开始做项目。日子长了，坚持得久了，自然而然地能做出一些特色和擅长的东西来，所以机会便无处不在了。

当我开始有能力延伸到更多、更广、更深的地方时，我看到了自己越来越多的不足，也便有了越来越强烈的学习欲望。我喜欢这种谦卑的感觉，下意识地让自己从容地走到更远的地方，抓住更多的机会，触碰到更多无处不在的可能性。

我很享受这种倒空自己的学习感觉，也喜欢自己走向越来越大的世界。而这一切的前提是这几年艰苦的训练和培养，我希望自己能够认认真真地走下去。为了那些我还不知道的未来，为了所有傻呵呵地矗立在心里的不会消失的理想。

生活不会将你置于死地，总会留有生路

[1]

转眼间十几年过去了。当初学围棋时，先生送我一幅字画，如今挂在书房中央，上面写着"人生如棋，落子无悔"。

先生告诫我：不管境况有多糟糕，也都要全力以赴。

记得那年，受《围棋少年》的影响，我央求着爸妈要学棋。开始时，学得很顺，断续学了一年，通过了业余2段考试。尽管如此，但还是被先生责备。

当时，我很懒不愿看谱，几乎想到哪就走到哪。棋风飘忽不懂布局，气势容易被人打散。先生说我缺少灵性。但尽管如此，还是很关心我，不断地让我做死活题。

因为懒，所以喜欢执白子，这样可以走模仿棋。在升段赛的第三局，不幸轮到我执黑子。但由于急功近利，使得棋面蓄气不足，以至于中期乏力，对手将我打得支离破碎。

那盘棋让我捉襟见肘，赛后先生耐着性子跟我讲解。最后，我恍然大悟。当时棋面旗鼓相当，但我缺乏应变能力，一步步钻入圈套。

先生了解我不擅长布局，所以让我勤练死活题培养应变意识，但我却置之不理。我没有习惯去找最优解，反而埋怨棋面太糟糕。

人生如同棋局，你可千万别掉以轻心。

[2]

　　没有完美的人生，谁都会遭遇坎坷。当遭逢坏局面时，你应该积极面对，寻找解决办法，而不是让焦虑压垮自己。

　　朋友本科学的是临床学，可他并不喜欢，在学校玩网游，耽误了几年青春。每次见他挂科，父母也没少责备。但他总是说，做医生太累，没前途。

　　在实习那年，母亲不幸中风偏瘫。为了治疗，家里拿出了大部分积蓄。仿佛一夜之间，朋友长大了。他幡然悔悟，主动去找工作。

　　可是，工作也不是说找就能找到，在招聘会上，他拿着几近空白的简历，不知该投向何方。眼见同学都找到心仪的工作，而自己却没着落，巨大的落差感让他很悲伤。

　　但是，当他想到偏瘫的母亲，念及满怀期望的父亲。心一狠，硬着头皮承受面试官无情的蹂躏。

　　辅导员对他说：有些事，不是硬着头皮就能解决。你该认真思考自己适合哪一行业。而不是像无头苍蝇，到处乱飞。找到人生的最优解，而不是无脑乱画。

　　朋友把目光投向游戏产业，花了两天时间逛遍相关论坛，选择了几家公司，并对其产品写了一份体验报告，以及对游戏产品的理解。

　　面试时，他镇定自若地与产品经理交流想法，条理清晰地阐述他的看法。签完offer后，他在朋友圈签名上写了那么一段话：

　　尽管握着一手烂牌，也要认真打完。

　　其实很多时候，你手中的烂牌并非上天的刁难，而是对你过错的惩罚。生活给你烂牌的意义，不是让你撕掉它，而是给你改过自新，让你来一次逆袭的机会。

当你熬过漫长的冬季，跨过完生活的阻拦，猛然回首，你会看到阳光明媚，春暖花开。

[3]

小丫在销售部实习，长得不漂亮，出身也并不鲜亮，但她很有拼劲。在公司时，每天利用空闲时间准备注会考试。

虽然环境糟糕，但她活得很乐观。曾有人问她为何那么拼命。她说想在深圳买一套房。别人笑而不语，内心嘲笑她异想天开。条件那么差，野心却那么大。

当时工资也不高，但她没有放弃花钱去学习。每一天的成长，都让她感觉到喜悦。周末有空，就去市场扫货，回家自己改衣服。那时钱不多，但日子过得很丰满。跑步，看书，跑步……不知疲倦。

卡夫卡曾说：生活中没有侥幸，生活将以铁一般的逻辑，粉碎任何人发自内心的背叛和疏离倾向。

无论现在处境有多糟糕，但你别害怕，更不要放弃对生命的希望。毫无背景不是你堕落的理由，而更应该是你前进的动力。

每当你前进一步，都将会收获一份胜利的成就。

我们大多数人都很普通，拥有的牌都不会太好。但上天既然给了我们一双手，那就意味着给了我们翻盘的希望。

既然没有获得幸运，那也别轻易放弃任何一个坏局面。你要想办法，把死局盘活，把糟糕的生活过得更有诗意。

[4]

你该花时间思考如何打好一张烂牌，而不是抱怨命运，或者干脆撕牌。当做出积极的选择时，你也会变得更优秀，生活同样会反馈给你不一样的精彩。

我曾遇到一位大叔，16岁那年父亲去世，母亲车祸卧榻在床。为了生计，他不得不背井离乡，远赴外地打工。曾因言语不通，被人骗过不少钱。但尽管如此，他咬牙挺了过来。

生活在他脸上刻下了岁月的痕迹，却没有让他心灵疲惫。在艰难之际，他没有心存侥幸，更没有破罐子破摔，而是选择坚强迎接生命的挫折。

就命运而言，休论公道。有人命好，有人命歹。怕什么困难无穷，进一寸有一寸的欢喜。

至今，我依然怀念围棋先生。虽然我不是他最优秀的弟子，但依然感激他对我的教诲。

先生曾说，人生恰似棋盘，利用得好，那就不存在废子。可一旦放任，就算妙子也会沦为废子。

我们正当年轻，虽然欠缺宏大的布局观念，但你应该学会最基本的挫折意识。

放心，生活不会将你置于死地，总会留有生路。而你所要做的，就是寻找最优解，把烂棋做活。

不放弃，便有希望。进一寸，便有欢喜。

再大的困难面前，都不要丢了自己的自信

曾听一位智者讲过一则寓言故事：很久以前，上帝看海水太冷清，决定造鱼来增添活力。同时，为了解决鱼自身的平衡和海水的压力问题，他给每条鱼的身体里安上一个鳔。但是调皮的鲨鱼一下子游走不知去向了，它没有安上鳔。上帝有些惋惜：让可怜的家伙自生自灭吧！

若干年后，上帝想查看鱼儿的生存状况，便召集所有的鱼类前来。上帝问："你们谁是当初的鲨鱼？"这时，一条大鱼游了过来，说："我就是鲨鱼！"上帝很吃惊，问："你没有鳔，为何能活下来，还这么凶猛强大？"鲨鱼说："因为没有鳔，所以必须不停地游动来保持身体的平衡和减轻压力，正因为我别无选择，在最艰苦的环境中求生，因此磨炼得最为强大！"

这个故事给我们的感悟是：面对困难，最终成功还是失败，很多时候并不取决于困难的大小，而是取决于我们面对困难时的态度。人生不会一路坦途走到底，在坎坷逆境中，首先可能被击垮的不是人的身体，而是人的意志。

在埃塞俄比亚阿鲁西高原上的一个小村里，有一个小男孩每天腋下夹着课本，赤脚跑步上学和回家。他家离学校足足有10公里远的路程。贫穷的家境使他不可能有坐车上学的奢望。于是，为了上课不迟到，他只能选择跑步上学。每天他都一路奔跑，与他相伴的除了清晨凉凉的朝露和高原绚丽的晚霞，还有耳旁呼啸而过的风声。

如今，这个曾经夹着课本跑步上学的小男孩在世界长跑比赛中，先后15

次打破世界纪录，成为当今世界上最优秀的长跑运动员。他，就是海尔格布雷西拉西耶。由于当年经常夹着书本跑步，以至他在后来的比赛时，一只胳膊总要比另一只抬得要稍高一些，而且更贴近于身体——依然保留着少时夹着课本跑步的姿势。

如果不是贫困和苦难，也成就不了今天的世界田径骄子。每当海尔格布雷西拉西耶回顾少年时的情景，他总是无限感慨："我要感谢贫困与苦难。其他孩子的父母有车，可以接送他们去学校、电影院或朋友家。而我因为贫困，跑步上学是我别无选择的，但却为之感到快乐和幸福。"

可见，苦难并不可怕，可怕的是你没有认识到苦难本身蕴含着无尽的契机。如果你认为它是一道减法题，那么它的答案你已经知道，它将减去你所有的一切，包括生命；如果你认为它是一道加法，那么演算的结果，可能就是一个非常大的数目。

一场从天而降的车祸，使他失去了一只眼睛、一条腿和赖以生存的工作。命运之神将49岁的他残酷地逼到人生的悬崖边。他面对飞来横祸，没有悲观绝望、怨天尤人，没有向命运低头，而是振奋精神与命运进行顽强的斗争。

失去工作的他最迫切的是找一份新的职业来谋生，来养活自己，令人不可思议的是他选择了写作。可此前他从来没有写过任何文学类的东西，甚至没有读过任何文学方面的书籍。

在最初的几年里，他所有辛勤的劳作与激情的投入换来的是700多封退稿信。他没有灰心气馁，而是以更高的热情与加倍的努力继续笔耕不缀。苍天不负有心人，在艰辛的付出后，他终于迎来成功的硕果：他不仅先后出版了20多部作品，还在数十次文学大赛中获得大奖，成为举世闻名的作家。

正当他的文学事业如日中天，达到顶峰时，他却做出又一惊人之举：徒步周游世界，那年他刚好60岁。带着重新安装的假肢和对理想的追求，他踏上了艰苦跋涉的征程。短短几年时间里,他的足迹遍及整个美洲大陆和欧洲大陆,1916年,已年近古稀的他拖着一条假腿,竟然奇迹般地登上了终年冰雪覆盖的非洲最高峰——乞力马扎罗。

他就是美国著名的作家、旅游家、探险家海曼斯。命运在向海曼斯关闭一扇窗的同时,又为他打开了另一扇窗。世上的任何事都是多面的,我们看到的只是其中的一个侧面,这个侧面让人痛苦,但痛苦却往往可以转化。有一个成语叫作"蚌病成珠",这是对生活最贴切的比喻。蚌因身体上嵌入沙子,伤口的刺激使它不断分泌物质来疗伤,到了伤口复合,旧伤处就出现一颗晶莹的珍珠。哪粒珍珠不是痛苦孕育而成?任何不幸、失败与损失,都有可能成为我们有利的因素。

生活也真的很公平,它可以将一个人的志气磨尽,也能让一个人出类拔萃,就看你是怎样一个人。不只是海尔格布雷西拉西耶和海曼斯,很多成功的故事里都有这样"没有鳔"的经历,他们不但没有因为失去了"鳔"而从此一蹶不振,反而因这些"失去"使他们的收获更多!

每个人都会有遇到挫折的时候,不妨让我们向"没有鳔"的鲨鱼学学——当你在逆境别无选择时,不要失去你原来拥有的自信,不要逃避、屈服、自怨自弃地把自己引入歧途,选择勇敢、坚强、乐观、积极的态度,永不停止地向前"游走"……再大的困难也会因你的勇敢望而却步!战胜了自己的"心灵逆境",你就是生活的强者!

苦难是暂时的，而未来是辉煌的

我们身边有很多好的故事，多到散落一地我们都想不起去捡。

我的父亲是1972年出生的，1990年落榜。照爸爸说，复读一年肯定能考上不错的大学，但家里没有条件，兄弟姐妹6个，差不多都是结婚生子的时候了。被我爷爷一句"榜上无名，脚下有路"打发去东北投奔大爷爷，大爷爷是军队出身，当时地位算很高的。

背上蛇皮口袋，揣着奶奶烙的糟面饼，登上了北去的火车。当时是他第一次坐火车，淮安没有直通沈阳的火车，要到徐州转车。在徐州转车时，因为在月台上乱窜，被巡警发现，检查背包，发现几块糟面饼，就挥手，去吧，去吧。

到了大爷爷家，以为凭大爷爷的身份怎么也能安排个差事。但是大爷爷革命出身，从来没有为家里人谋过一点福利。儿女也都平凡地生活着，到现在最好的也不过是在银行工作。当时，大姑和二婶在家里糊火柴盒，挣点钱，我爸也就跟着她们一起糊。大爷爷看这也不是事啊，跟爷爷不好交代，大婶做生意挺赚钱，就说给点本钱去跟大婶学做生意。我爸就像是《人生》中高加林那样的人，放不下作为知识分子的脆弱的自尊，不愿意去吆喝，也确实没有经商天赋。摆了个杂货小摊，他却在一旁捧着本书看得津津有味，来人了也不知道招呼一下，也不是做生意的人。在东北蹉跎了半年左右，连来回路费都没挣着。

后来，又去了河北沧州，我姑奶的女婿，应该叫表姑父了（我们那这么叫），在粮食站做站长，爸去投奔他。这下该有个好事做了吧。我爸就去了面粉厂，面粉厂当时机器很老旧，一开机满天都是粉尘，眼睛都睁不开，现在也好不到哪里去，硅肺，面粉厂工人的职业病。在那做了一两个月，实在做不下来。又踏上归途，这回总算挣着路费了。

20世纪90年代初，正是民工流开始的时候，村里不少人都去上海、广东挣大钱了。爷爷一看，你去上海吧，当时我二姑也在上海，正好有个照应。

二姑托人在上海城郊给他找了一份工，肠衣厂。就是猪小肠，用来灌香肠的肠衣。当时还没开工，要先建场地，在地上铺上砖头，我爸爸要去很远的建筑工地上拖砖头，每天累得半死。终于，厂子建好了。开始工作，工作就是把猪小肠里的秽物刮出来。大家知道，肠子里都是些什么东西，那味道，臭不可闻，工作完那地方还是他们睡觉的地方。我爸只能在报平安的电话中说工作还不错，跟二姑说起来也只能这么说。

老板后来叫他去专门托运小肠，从屠宰场，在40里外，用人力三轮车。屠宰场总在半夜杀猪，我爸就得在晚上八九点钟的时候，骑着空车赶往屠宰场，屠宰场是流水线，猪肚子划开，猪心、猪肺搁这边；猪肝、猪腰子搁那边；大肠抛这边，小肠抛那边。我爸就得上去抢小肠，把它盘好，装车，装了上百斤。踏上归途，总得在别人工作前把它拖到地方。遇到爬坡时，死命踩脚蹬，轱辘也不转，爸总羡慕从身边飞驰而过的自行车，要是我骑车也能像骑自行车一样轻巧就好了。

老板看大家工作辛苦，就买了条鱼，要犒劳大家。请旁边的老奶奶代为烧一下，大家都满含期待，结果端上来尝第一口就吐了，太咸了，不知道是搁了多少盐。"我知道你们都是卖苦力的人，要是不咸，这鱼不够你们吃的。"就是这么咸也得吃啊。

"我一定不会一辈子做这种事的，我和他们不一样。"老爸当时就是怀着这样的心态在苦难中砥砺。也就是这样，半年后回家身上也揣了200元钱。

回家就张罗着结婚，毕竟岁数也不小了。在附近的小学里开始做代课教师，高中在当时也算是不低的学历至少教小学是足够了。当时教高中的也不过是淮阴师专毕业，现在的淮阴师范学院，那时候还是个中专。我爸做什么都比别人要强，就是代课也比正规师专毕业的正职老师好。当时广播操比赛。别班排队都乱糟糟的，你你你，快到自己位子上站好。而老爸的班级，喊着口号出列，随着音乐排好队。比赛结果自不必说。

我大一些的时候，老爸就又重回上海，在一个小型的百货商店当售货员兼收银员。有的时候也无证驾驶货车拖货什么的。我也在当时，6岁前后去过几次上海，在上海"挣大钱"的亲戚确实不少。前后有二姑、小姑、我爸、姨父、舅父。我爸也在那个时候开始重拾课本，在别人打牌、喝酒、聊天的时候，背政治，看医书。参加自学考试，稍微了解一下就能知道，自考和成人高考不同，而是难得多，二十多门课程门门过，都要及格还要花好几年才考得完。爸愣是一天补习班没上，只是利用别人玩乐的时间学习，考进了南京中医药大学，大专学历。

而后，一切似乎开始变好了。

爸在上海当时拿1300一个月，回到淮安当医生只有450，我从乡下转到城里念书就花了他两月工资。我想这巨大的落差也肯定困扰了他良久，但选择医生这条路肯定比在百货商店更有前途。

我有个情节记得很清楚，老爸对妈妈说："要是我能在淮阴拿到1500块，就不用你工作了。"当时妈妈从乡下刚来城里没找着工作了，还在带一些以前在足球厂的活过来，手工足球，我也不知该怎样描述这样的工作。总之对颈椎，对手臂都有损伤，而且还有苯，会致癌。10年过去，早就不止一个两个三个四个1500了，当时的诺言现在看起来像是笑话，但未尝不是那个时间，对幸福的考量。

我爸也绝对如一开始所说是个学霸，复读绝对至少本校毕业没有问题。执业医师考试全市第一，主治全市第三。然而就是因为走了很多弯路，耽搁许久。

他规劝我不要像他一样走那么多弯路，可以说每一次听他说起："你爸当年就是在这样的条件下，还不停学习……"

"我当时就想，我和他们不一样，我绝不会一辈子做这种事的……"

"你知道那个小肠又脏又臭，看着都想吐……"

"老爸当年走过的路，不希望你重走，太难了……"

"还好我坚持下来了……"

我都不禁泪流满面。说不得又要哭了。

想到现在自己的堕落，却不由得在深夜中辗转反侧。每句话在耳畔萦绕，让我挣扎于彻夜书行的文字间。

我爸有句话，我常能在他的笔记本扉页，在微信的签名上看到，"追求是信念，飘逸即人生。"执着信念的人，都终将成功。我早也想以此为创作的源泉，在电脑中留下《飘逸人生》的文件夹。但迟迟没有动笔，惶恐于幼稚的笔触，肤浅的思虑，还有待锤炼。

我的父亲，苦尽甘来，而我也相信，家里的生活会越来越好，至少我现在就享受着不错的物质条件。

我相信所有的苦难都是暂时的，而所有的结果都是辉煌的，人生无论经历多少苦难，都终将完美涅槃。

在苦难中等待人生的最佳契机

时间这个东西，容易使人变成哑巴。

比如很多人曾经年少时有过各种关于梦想的渴求，之后便慢慢地把这些搁置。后来在生活这个大热锅里来回滚烫这么多年，那些现实主义的愉悦感逐渐占了上风。虽然没有功成名就天下知，但手中握有的钱、名下的不动产，足以让一个人活得得意扬扬、自命不凡。但更多的人，并没有获得现实多少特殊的青睐，他们更多的是在生活里打了无数个滚，一辈子敷衍着奔波的疲惫，只为了一周那唯一的不用出去工作的休息日。

不论如不如意，总有一日，我们也许突然回想起，多年前那个倔强又执着的少年，他曾在午夜梦回深情凝视那夜的月光，他爱着这世界，他爱这虚假的公平，也爱这绝对的不公平。

或许谁也没想到。那些曾经赤诚的追梦人，在许多年后达成了一个默契，那就是一起听到了梦破碎的声音。那声音不是淅淅沥沥地缓慢的长调，而是咣当一声。

青春摔个粉碎。

韩国电影《熔炉》里说："我们一路奋战，不是为了改变这个世界，而是为了不让世界改变原本的我们。"这些年里，不知道你还会记得曾经的那些单纯、炽热，像刚刚从生产线锻造成功的铁块，尽管怀有瑕疵，但是它在太阳光的映衬下，闪闪发亮，足以耀出眼泪。

严馥就这样被时光逼成了哑巴。他对于过去的那些事选择了缄默不语。后来我们去旅游时聊到梦想这个话题，没想到居然打开了他的话匣子。

在这之前，我一直认为他是一个沉默自持、懂得分寸的成功的人。

严馥很喜欢做饭。当10岁的他，用无比自豪的语气地和家人说他要当一个伟大的厨师时，客厅里响起了热热闹闹的忽视。大人们好像没有听到他在说什么，继续谈论着其他有趣的话题。15岁的他决定去厨师学院深造时，家里人空前团结，一致反对。一向乐此不疲吵架的父母竟然意外地和好了。那一次吵架吵厉害了，一个冷不丁，他妈妈给了他一耳光。

他说他没有哭，只是脸辣辣的。后来他被关禁闭了。一整个暑假。他想过很多次逃跑的方法，丈量从阳台到地的距离，试了各种绳子的坚韧度，最终还是没有逃出去。

他喝了一口黑咖啡，回过头来对我说："妈的。如果当时不那么挫，逃得掉就好了。"

"可你还是不敢。"我恰当补上一刀。

"啊。不敢……"他单薄的声音飘荡在深秋凉凉的空气，像一把锋利的刀子狠狠刮着岁月。但没有人喊痛。没人记得。

有些遗憾，并不会随着时间的推进而遁形。

严馥遵从家里的安排，按部就班地上学，从重点初中到重点高中，从一个月回三次家到一个月回一次家。后来干脆不回。

"我再也没有做过饭。因为很少回家。也没有条件。每次在食堂吃饭，我觉得我很羡慕他们。可是我说不出口。好像全天下人都觉得当一个厨子是多么的难以启齿。我自己也很耻辱地承认了。"

天生聪明的严馥后来顶住了高考那盛大又枯燥的压力，像一个识趣的成年人，在时代的浪潮中，顺着轨迹继续往前走，每一步都是家长殷切希望的那样，踏踏实实，每一步都踏出皮鞋般难忘的闪亮。

他熬了一个又一个艰难又势在必得的夜，嚼着那些必须品味的苦味，努力把它记住。可是他还是渐渐地忘了。他说，那些很多人想知道的奋斗的过程，他真的都忘了。不是记不住，而是在潜意识里，他从来没有在乎过这些。

这世俗又普通的成功。像下午五点钟已退潮的海面，看似是那么心旷神怡，又有谁料到一个小时之前刚刚蔓延而来的生命般的潮涌。严馥曾经执着追求过那一瞬间的绽放，可是他没有坚持下来。

严馥最快乐的时刻，是厨房里亮着的橘黄色的灯光，他围着围裙，认真对待那些蔬菜，呆呆又傻里傻气的南瓜，纤瘦又爱臭美的黄瓜，热情奔放的油菜，孤傲有型的火龙果，丰满可爱的肉们。他熟练地切着土豆丝，打开开关，放油、放肉、加盐、放菜，每一秒都值得等待，每一刻都变得有意义。他想一直这样下去。他想有一天，他指导一个团队，完成一次成功的满汉全席。然后在他们心满意足的神情里狠狠笑一把。

他喜欢厨师这个职业。虽然忙碌，虽然有时不那么体面，可是有趣得很。每天都做熟悉的菜，但每天都有新的感觉。而他每天坐在办公室里，处理着那些钩心斗角，小心供奉着上下的关系，在琐碎的光阴中耗尽自己几乎快要消失的能量。

他说自己平常闲下来，最常做的事情也是做饭。做饭做久了，就会容易和食物发生感情。每个食物都值得被妥帖对待，和人一样。

生活夹杂在这一片烟火气中，逐渐变得柔软。

然后他说自从升了官，再也没有时间做饭了。大概有一年了。他都快忘记做饭的感觉了。

"我常常在结束一局酒场后，感到盛大的空虚。我快忘记生活本来是什么样子了。"

他被生活推搡着前进,却时常又觉得被它渐渐抛弃了。他活得像个漏了气的气球,飘散在空中,只剩色泽鲜艳。他被生活套住了。尴尬又可笑的境地,迟迟下不了台面。

那次分开后,一别就是三年。后来新年我在生病,生活又不大如意,没想到收到了他的明信片。

他告诉我:"他拿到厨师证了。现在已经在一家颇有名气的酒店里做了两个月的厨师了。"

我突然觉得生命真是美好呀。

有那么多种可能。好的坏的。终于等待了一个好的可能。

而他怎么达到的呢。无非是揣着和不理解你的世界决一死战的决心,起早贪黑,踽踽独行,却开心得要命。那份热爱让所有艰难失了傲气。他终于觉得为自己而活,又终于做到了,没有辜负这份勇敢。

真是好样的。

生活就是这样子呀。它不够迁就我们,又不够大气和公平。所以很多时候你不能够泄气。你需要匍匐,等待,蛰伏,努力,前进,你不要讨好别人,不需要假装和虚伪,你要做自己,等那一个契机。

我们要吻所有日子。连同苦难、困顿、糟粕、龃龉一起。

你要等。

从困境中看到机遇，而不是面对困境止步不前

每个人都可以有巨大的雄心及高远的梦想，区别在于有没有能力实现这些梦想，当梦想成真的时候，你是否会在成功的台阶上更知进取？当梦境破灭，无力转败为胜时，你是否会套在自命不凡的枷锁里？是否会沉浸在万念俱灰无所期待的沮丧中？

再有学识，再成功的人，也要抵御命运的寒风，虽然我在事业发展方面一直比较顺利，但和大家一样，我也有达不到的梦想、做不到的事，说不出的话，有愤怒、有不满、有伤心的时候，我也会留下眼泪。

在逆境的时候，你要问自己是否有足够的条件，当我自己处于逆境的时候，我认为我够！因为我勤奋、节俭、有毅力，我肯求知，肯建立一个信誉。

苦难的生活，是我人生的最好锻炼，尤其是做推销员，使我学会了不少的东西，明白了不少事理，所有这些，是我今天用10亿、100亿也买不来的。

我不看小说，也不看娱乐新闻，这是因为我要从小争分夺秒地"抢"学问，我的学问，我的知识都是在有限的时间内抢回来的，我一直好勤力，有时间便自修，现在的人说求学问，我是偷学问。

一个真正做大事，有远见的人，会看世界的潮流，估计自己未来发展的方向。事在人为，不能有志无才。你可以夸口说你的志向是摘天上的月亮，但你知道怎么摘吗？所以我说事在人为，靠自己，靠意念，还要有最新的知识及经验才能达到。

17岁的李嘉诚辞去了中南钟表的工作，到一家很小的五金厂做推销员，这一事件让很多人都诧异，他们本以为这个学艺精湛、推销技术娴熟的年轻人一定会在钟表行业成为一个不大不小的角色，没想到，李嘉诚在中南钟表势头猛进时离开了，偏偏又转了行，从头做起，俗话说"人往高处走水往低处流"，李嘉诚一反常态的做法让人们不得不想：李嘉诚是不是脑子有问题啊？

李嘉诚对钟表行业前景的分析，可以看出他是看好中南公司的前景的，但是，对他更有吸引力的是香港经济形势的风云变幻，和手到擒来相比，他更喜欢充满挑战和刺激的游戏。他想趁年轻多闯荡一番，扩展视野；多蹚出些路子，趁着这多变的经济形势干一番大事业。

五金厂很小，却也要从销售做起。销售是最锻炼人的，特别是商人，只有做过销售的商人，才真正懂得市场。与茶楼和钟表的坐店销售不同，五金店的销售需要跑出去找客户，就是在不知道对方有没有购买意愿的情况下将自己的产品推销出去，显然，和前两种客人找上门来的销售有很大的区别。

面对新的挑战，李嘉诚经过深入思索发现在推销之前首先要弄清楚很多问题，比如，如何和客户搭上话，又该如何维持关系？这对于生性腼腆的李嘉诚来说是不曾遇到的过的问题，在书上也没学过，他只能在实践中去悟。就连当年的李嘉诚自己也没想到，几十年后他在各种场合竟然能谈吐优雅、思维敏捷，成了一个辩论家。

老实的孩子有一个共同的优点，就是诚实，这在做销售时最容易博得客户的信任。有着犀利的商业眼光，却稚气未泯，这一点为李嘉诚赢得了客户。五金厂的销售一般对准的是杂货铺，这样一次销售额度很大，还能建立长期客户关系。很多人都按照这个路子做销售，而李嘉诚却有意避开了。他决定向客户直销。他直接找到酒楼、旅店的相关部门，一次就销售了100多个产品。面对家庭用户，他则跑到居民区上门服务。他摸清了老太太们的脾性，晓得只要在一个小区里卖掉一个，也就意味着能卖掉一批，因为老太太不上班，喜欢串门，自然就是他可利用的宣传员了，于是他就专门找老太太卖桶，物美价廉，自然不愁销路。

总结做推销员的经验，李嘉诚说：若想客户买你的产品，就得事先想好应付一切的办法。面对不同的客户，采用不同的说辞。为此他利用一切可能利用的途径搜集市场信息资料，并和不同层次的人交谈，了解客户心理和产品反馈，对拒绝产品的说辞要做到心中有数。李嘉诚曾经根据一个区域的市民生活习惯，摸清了他们对塑胶产品的需求，在他的产品没有生产出来时，就锁定了销售客户。

亲身体会挣钱的不易，一个人才会迅速成长。李嘉诚在早起的茶楼生活中练就了从早到晚跑腿的功夫，所以，在做销售时也往往以步代车走遍大街小巷，既省钱，也揽得更多的客户。

如今李嘉诚每每回忆起这段销售日子时，总是自豪地说："我十几岁就做销售，对自己要求严格，工作时间总比别人多一倍，所以业绩也总超过别人很多。做到最好时，我的业绩是第二名的7倍。凭着我的业绩，一年后我就坐上了部门经理的位子，两年后就做了总经理。"

机遇对于一个人的成功来说非常重要，善于抓住机遇的人往往会事半功倍。对于李嘉诚来说，善于捕捉机遇无疑促进了他的成功。李嘉诚说："机遇有了，最要紧的就是你要充实，多了解外面的情况，无论政治、经济，最新的行情，你都要尽量知道。这样机遇来的时候才有能力抓住它。"

曾经有一个记者问李嘉诚的推销秘诀是什么。李嘉诚没有给予正面的回答，而是给记者讲了一个故事：

日本的"推销之神"原一平在69岁时的一次演讲会上，有人问了他同样的问题，原一平当场脱掉鞋袜，将提问者请上台，说："请摸摸我的脚底板。"该提问者摸过之后,惊讶道:"您脚底板的老茧真厚!"原一平说:"因为我走的路比别人多,跑得比别人勤,所以脚底板的茧子特别厚。"提问者恍然大悟。

李嘉诚讲完故事,对记者说:"我没有资格让你来摸我的脚底板,但我可以告诉你,我脚底板的茧子也很厚。"

可见,机遇不常有,而且只降给那些有准备的人。正如孟子所说:"天降大任于斯人也,必先苦其心志,劳其筋骨,饿其体肤,空乏其身,行拂乱起所为,所以动心忍性,增益其所不能。"李嘉诚是一个幸运的人,机遇多次眷顾到他,而这也得得力于他早年的准备。

在华为,《致新员工书》向每一位入职的新员工表明了公司是多么重视脚踏实地的工作作风:

"您想做专家吗?一律从工人做起。进入公司一周之后,博士、硕士、学士,以及在公司外取得的地位均已消失,一切凭实际才干定位。您需要从基层做起,在基层工作中打好基础,展示才干,公司永远不会提拔一个没有基层经验的人来做高级领导工作。遵照循序渐进的原则,每一个环节、每一级台阶对于您的人生都有巨大的意义。"

困境不是不可度过的,凡是在事业上大有作为的人,都是从最简单、最基层的工作开始做起的,他们不会对烦琐卑微的工作抱怨,在每一件微小的工作中,他们都可以做到极致,做到最好。在做这些小事的时候,积蓄力量,逐步走向成功。

每个人都有远大的梦想,但在大的梦想也要从一点一滴做起,在通往远大目标和理想的道路上,会遇到各种各样的困难,不要向这些苦难低头,要做的是迎头面对困难,从这些困难中看到机会,很多成功的人士就是这样一路迎着挫折而上,最终成功的。靠的就是他踏踏实实的精神和永不言败的毅力。

人们要从困境中看到机遇，而不是在困难中面对未来望而生畏，止步不前。如果李嘉诚一味地埋头在困境中挣扎，只求解决温饱，那就不会有日后的"塑胶花大王"了。所以，能否抓住并善于运用机遇，是对一个人能否厚积薄发的考验，是对一个人判断力的考验。一句话只要做好充分准备的人才能抓住一个个机遇，一步步走向更大的成功。

人生大部分时刻，都需要我们独自去承担

[1]

前天凌晨一点被一个好朋友的电话吵醒。睡眼蒙眬之下，先是听到电话那端的啜泣声。

"怎么了，这么晚打电话过来。"

"他……他要跟我分手……"哽咽之下，好不容易憋出这句话来。

"什么原因呢？"我试着看看能不能对症下药。

"感情也没有出现很大的裂缝，他只是说我们不合适，可是我们俩平时都挺合拍的啊。"

"那你跟他后来有没有过沟通呢，或许挽留一下？"我按照劝解人的老套路跟她重复了一遍。

"打他电话也不接，微信也不回，都不知道怎样才能联系到他。"这下子朋友的委屈如泄了洪的栅栏一样喷涌而出，开始号啕大哭。

"那你们正好也冷静两天，看看到底怎么回事，也别太伤心，或许会有转机呢，对吧，所以你……"

"我不要，我就是着急想知道缘由，你快告诉我怎么做。"没等我说完她便叫嚷着要我告诉她方法。

我沉默了几十秒钟。

其实在我看来，"不合适"这三个字就是不爱的借口。之前看过一段话说，看起来合适的情侣，都是经过了岁月的磨合，双方各自退一万步，收起属于自身尖锐的刺，才能够最终换来一个合适的怀抱。既然对方不愿意跟你一起渡过这一关，那还何必苦苦纠缠呢。

但我不能说，我怕因为我个人的断论影响她自己内心的抉择，或许我说的没有那么正确，或许她和她男朋友之间只是单纯地吵吵架，很快就可以重归于好。

"跟随你自己的想法吧，好好冷静下来掂量掂量，你自己做出的选择才是最正确的答案。"随后我挂断电话。

夜已深，只能在电话这头祝福她，那个感情暂且不如愿的人啊，过了今晚之后，一切都能柳暗花明。

[2]

尹静是我大学时候的同学，毕业之后便只身南下去了广州工作。

年轻人啊，都有着股闯劲。然而初来乍到的新鲜感过了以后迎来的便是现实的考验。

新人刚入职时都会有相当一段时间的难挨期。要以一个很低的姿态，做一些很琐碎的杂事，就算不情愿也要学会哈着腰点头说没问题，身在体制内的官僚主义之下，有时还得忍受某些老人员的跋扈和刁难。

尹静的运气也是相当"不错"，那些糟糕的人和事都让她给碰到了。初到公司第一个星期，就经常被领导叫着做这做那，加班事多就算了，最重要的是老板分毫不体恤民意，对待她这种新面孔也毫不留情，天天摆着副臭脸发脾气。

然而压力远远不仅来自工作，生活就像那压力不足的水管，总是差一点向上的动力。

由于当时光顾着租离公司近点的房子,所以对于房子的质量尹静并没有留心太多。入住时间长了之后,便发现了问题。空调时好时坏,在炎热难耐的夜晚经常被捂出一身痱子,房间隔音效果不好,半夜三更还能听到楼上咚咚的脚步声,还有那房间的窗户,安装的时候没固定死,一到大风天气便使劲摇晃。

同学小聚的时候听到她的"传奇"故事会觉得不可思议。一个才20多岁的姑娘,形单影只在异乡,要学会独自一人面对大大小小棘手的事情,多不容易啊。

"你是怎么活过来的?"我调侃了一句。

"除了自己没有人可以帮我。"一路荆棘过后她从容淡定了不少。

[3]

在高三的时候我生过一场大病。当时离高考只有一个多月了,所以情势还是挺严重的。

记得那次是高考前最后一次月考,考完第一堂考试后由于身体感觉并不是很好,我回到家,躺在沙发上辗转。当时我妈看到我的样子还以为是我偷懒不想去考试,后来严重到连说话的力气都没有的时候才知道了事情的严重性,立马把我送到医院。

后来医生确诊是肺部感染,需要住院半个月。

高考前40多天还要花半个月住院治疗,确定不是在开玩笑?

所以我当时很是沮丧,心想着这可能就是命运的安排。药也没有好好吃,闷在病房不说话。

过了两天之后隔壁病房来了个重症病人。七八岁的小女孩,不太清楚她是什么病因,但每天都看到医生为她做化验,每次做化验的时候都会听到她号啕大哭。医生每走后她的哭声立马停止了,不久之后便传来动画片的声音和她干净的笑声。

那时我就想连个小女孩都能勇敢地面对这病痛，我一个大男生畏畏缩缩，害不害臊。

从那天以后我便开始按时吃药吃饭，每天挂完点滴后就去医院的小公园里走走，完了有空看看爸妈带过来的课本。由于恢复较快，最后没到半个月就出院了。高考结果没那么好也没坏到哪去。

回头想想，那半个月的经历，真的只能靠自己去感受和消化，别人的安慰和开导只是给你指明通往光芒的一扇门，而最为关键的，还是要靠自己去找到打开那扇门的钥匙，勇敢地迈出第一步。

[4]

身边有位朋友曾经遇到过次很大的磨难，当时另外一个朋友召集了我们一帮人去给他帮忙，但是他却都给拒绝了。

"安慰和祝福我都收下，其余你们都带走。这段路，要靠我自己去走完。"

他走出阴霾的那天，我们都打心底为他高兴，也真正体会到他骨子里蕴藏的巨大能量。

张爱玲曾经说过，"笑，全世界便与你同笑，哭，你便独自哭。"人生的大部分时刻，真正能解开谜团的，只有我们自己。

我们为有那些乐意伸出手帮助我们的人而高兴，同时我们也要把更多的能量寄予到我们自己手中，如此一来，回头看看那些风雨挫折，也能坚定自豪地说一句，那是关于我的成长。

带着自己的梦想，独自上路，从此，只顾风和雨。

{ 用百倍的勇气来同生活抗争，才能尝到生命的甜头 }

乔很爱音乐，尤其是喜欢小提琴。在国内学习了一段时间之后，他想出国深造，把视线转到了国外，但是国外没一个认识的人，他到了那里如何生存呢？这些他当然也想过，但是为了实现自己的音乐之梦，他勇敢地踏出了国门。威尼斯是他的目的地，因为那里是音乐的故乡。这次出国的费用是家里辛辛苦苦凑出来的，但是学费与生活费是无论如何也拿不出来了。所以，他虽然来到了音乐之都，却只能站在大学的门外，因为他没有钱。他必须先到街头上靠拉琴卖艺来赚够自己的学费与生活费。

很幸运的是，乔在一家大型商场的附近找到一位为人不错的琴手，他们一起在那里拉琴。这个地理位置比较优越，他们挣到了很多钱。

但是这些钱并没有让乔忘记自己的梦想。过了一段时日，乔赚够了自己必要的生活费与学费，就和那个琴手道别了。他要学习，要进入大学进修，要在音乐学府里拜师学艺，要和琴技高超的同学们互相切磋。乔将全部的时间和精力都倾注到提升音乐素养和琴艺之中。十年后，乔有一次路过那家大型商场，巧得很，他的老朋友——那个当初和他一起拉琴的家伙，仍在那儿拉琴，表情一如往昔，脸上露着得意、满足与陶醉。

那个人也发现了乔，很高兴地停下拉琴的手，热络地说道："兄弟啊！好久没见啦！你现在在哪里拉琴啊？"

乔回答了一个很有名的音乐厅的名字，那个琴手疑惑地问道："那里也让流浪艺人拉琴吗？"乔没有说什么，只淡淡地笑着点了点头。

其实，十年后的乔，早已不是当年那个当街献艺的乔了，他已经是一位世界著名的音乐家，经常应邀在著名的音乐厅中登台献艺，早就实现了自己的梦想。

我们的才华、我们的潜力、我们的前程，如果没有胆量的推动，很可能只是镜花水月，当梦醒来时，一切也就醒了。

生命是储存罐，里边有各种财宝可以挖掘，如果想跟生活打交道，就必须学会使用开罐器，只有用百倍的勇气来同生活抗争，你才能从生命的储存罐里尝到甜头。

一个永不丧失勇气的人是永远不会被打败的。就像弥尔顿所说的："即使土地丧失了，那有什么关系？即使所有的东西都丧失了，但不可被征服的意志和勇气是永远不会屈服的。"如果你以一种充满希望、充满自信的精神进行工作的话，如果你期待着自己的伟业，并且相信自己能够成就这番伟业的话，如果你能展现出自己的勇气的话，那么任何事情都不能阻挡你向前进，你可能遇到的任何失败都只是暂时性的，你最终必定会取得胜利。

自信和勇气是积极的品质，而恐惧和焦虑则是消极的品质，二者在人的大脑中水火不容。你要么是强大有力、充满信心的，要么就是虚弱和感伤的，面对一项重大的工作你总是采取回避态度。任何破坏你勇气的东西都会破坏你的力量、你的效率及工作效能。

"勇气是在偶然的机会中激发出来的。"莎士比亚说。除非你让自己时刻保持一种接受勇气的态度，否则，你不要指望自己的身上会时时刻刻体现出巨大的勇气。在就寝前的每个夜晚，在起床时的每个清晨，你都要对自己说"我会做到的，我能行"，并以此作为自己坚定的信条，然后充满自信地勇敢前进。

{ 感谢逆境，让你更快地学会成长 }

那些看着没心没肺的孩子，并非他们没心没肺；只是在掏心掏肺以后，换来的撕心裂肺，所以他们学会了伪装。痛过，才知道如何保护自己；哭过，才知道心痛是什么感觉；傻过，才知道适时的坚持与放弃，每一个勇敢的孩子，都在含着泪成长！

[幸福这座山，原本就没有顶、没有头]

幸福是什么？幸福就是牵着一双想牵的手，一起走过繁华喧嚣，一起守候寂寞孤独；就是陪着一个想陪的人，高兴时一起笑，伤悲时一起哭；就是拥有一颗想拥有的心，重复无聊的日子不乏味，做着相同的事情不枯燥，只要我们心中有爱，我们就会幸福，幸福就在当初的承诺中，就在今后的梦想里。

一个人总在仰望和羡慕着别人的幸福，却发现自己正被别人仰望和羡慕着。幸福这座山，原本就没有顶、没有头。不要站在旁边羡慕他人幸福，其实幸福一直都在你身边。只要你还有生命，还有能创造奇迹的双手，你就没有理由当过客、做旁观者，更没有理由抱怨生活。你寻找到幸福了吗？

幸福不是你房子有多大，而是房里的笑声有多甜；幸福不是你开多豪华的车，而是你开着车平安到家；幸福不是你的爱人多漂亮，而是爱人的笑容多灿烂；幸福不是在你成功时的喝彩多热烈，而是失意时有个声音对你说：朋友别倒下！幸福不是你听过多少甜言蜜语，而是你伤心落泪时有人对你说：没事，有我在。

如果彼此出现早一点，也许就不会和另一个人十指紧扣。又或者相遇的再晚一点，晚到两个人在各自的爱情经历中慢慢地学会了包容与体谅、善待和妥协，也许走到一起的时候，就不会那么轻易地放弃，任性地转身，放走了爱情。没有早一步也没有晚一步，那是太难得的缘分。

[人生，没有永远的爱情]

爱情是一点动心，爱情是一种默契，爱情是一种巧遇，爱情是一个约定，爱情是一句誓言，爱情是一个憧憬，爱情是一种执着，爱情是一种忠诚，爱情是一种守望，爱情是一缕思念，爱情是一丝惆怅，爱情是一声叹息，爱情是一种哀怨，爱情是一种痴迷，爱情是一种怀念！

人生，没有永远的爱情，没有结局的感情，总要结束；不能拥有的人，总会忘记。人生，没有永远的伤痛，再深的痛，伤口总会痊愈。人生，没有过不去的坎，你不可以坐在坎边等它消失，你只能想办法穿过它。人生，没有轻易的放弃，只要坚持，就可以完成优雅的转身，创造永远的辉煌。

在爱情没开始以前，你永远想象不出会那样地爱一个人；在爱情没结束以前，你永远想象不出那样的爱也会消失；在爱情被忘却以前，你永远想象不出那样刻骨铭心的爱也会只留下淡淡痕迹；在爱情重新开始以前，你永远想象不出还能再一次找到那样的爱情。

简单，最美，平凡，最贵。

人生有三样东西是无法挽留的：生命、时间和爱。你想挽留，却渐行渐远。人生最痛苦的，并不是没有得到所爱的人，而是所爱的人一生没有得到幸福。离开的你，我等不回来；失去的爱，我找不回来；纵然一切已成过眼云烟，我依然守候在这里，直到看见你得到幸福，我再转身，微笑着，静静地走开。

生活就是理解，生活就是面对现实微笑。生活就是越过心灵的障碍，平静心性，淡泊名利。生活就是越过障碍注视将来。生活就是自己身上有一架天平，在那上面衡量善与恶。生活就是知道自己的价值，自己所能做到的与自己所应该做到的。生活就是通过辛勤的双手，创造给力的幸福！

一个人一眼能够望到底，不是因为他（她）太简单，不够深刻，而是因为他（她）太简单，太纯净。这样的简单和纯净，让人敬仰；有的人云山雾罩，看起来很复杂，很有深度，其实，这种深度，并不是灵魂的深度，而是城府太深。这种复杂，是险恶人性的交错，而不是曼妙智慧的叠加。简单，最美！

假如有一天你想哭，打电话给我，不能保证逗你笑，但我能陪着你一起哭；假如有一天你想逃跑，打电话给我，不能说服你留下，但我会陪着你一起跑；假如有一天你不想听任何人说话，callme，我保证在你身边，并且保持沉默；假如有一天我没有接电话，请快来见我，因为我可能需要你！

听着你哭的时候，其实我感觉自己在流着血。毕竟曾经相知，又不容易的相爱。与时间赛跑的日子，你自己会觉得累，我自己一个人的时候也是如此。所以我们现在选择共同去迎接新的一天，不只是会去想和你共同地迎接新的一天，并会去做。只是现在我不知道该怎么继续的去面对你，因为你选择了相信自己的感觉。

[心放开一点，一切都会慢慢变好]

最使人疲惫的往往不是道路的遥远，而是你心中的郁闷；最使人颓废的往往不是前途的坎坷，而是你自信的丧失；最使人痛苦的往往不是生活的不幸，而是你希望的破灭；最使人绝望的往往不是挫折的打击，而是你心灵的死亡；凡事看淡一些，心放开一点，一切都会慢慢变好！

你改变不了环境，但你可以改变自己；你改变不了事实，但你可以改变态度；你改变不了过去，但你可以改变现在；你不能控制他人，但你可以掌握自己；你不能预知明天，但你可以把握今天；你不可以样样顺利，但你可以事事尽心；你不能延生命的长度，但你可以决定生命的宽度。

乐观是失意后的坦然，乐观是平淡中的自信，乐观是挫折后的不屈，乐观是困苦艰难中的从容。谁拥有乐观，谁就拥有了透视人生的眼睛。谁拥有乐观，谁就拥有了力量。谁拥有乐观，谁就拥有了希望的渡船，谁拥有乐观，谁就拥有艰难中敢于拼搏的精神，只要活着就有力量建造自己辉煌的明天！

当明天变成了今天成为了昨天，最后成为记忆里不再重要的某一天，我们突然发现自己在不知不觉中已被时间推着向前走，这不是在静止的火车里，与相邻列车交错时，仿佛自己在前进的错觉，而是我们真实的在成长，在这件事里成了另一个自己。

[痛过，才能够成长]

痛过，才知道如何保护自己；哭过，才知道心痛是什么感觉；傻过，才知道适时的坚持与放弃；爱过，才知道自己其实很脆弱。其实，生活并不需要这么些无谓的执着，没有什么就真的不能割舍。

一个人时不喧不嚷安安静静；一个人时会寂寞，用过往填充黑夜的伤，然后傻笑自己幼稚；一个人时很自由不会做作，小小世界任意行走；一个人时要坚强，泪水没肩膀依靠就昂头，没有谁比自己爱自己更实在；一个人的日子我们微笑，微笑行走微笑面对。一个人很美，很浪漫！一个人很静，很淡雅。

明白的人懂得放弃，真情的人懂得牺牲，幸福的人懂得超脱。对不爱自己的人，最需要的是理解、放弃和祝福。过多的自作多情是在乞求对方的施舍。爱与被爱，都是让人幸福的事情。不要让这些变成痛苦。

在成长的路上，我们跌跌撞撞，哭哭笑笑，忙忙碌碌看人生匆匆，我们留下了什么又得到了什么？也许，在某一天，我们会让生活折磨得麻木不仁，但当我们走过了欢笑、泪水、孤独和彷徨之后，便会发现：还有这样一份永恒的感情，叫我们明白——有爱，就有幸福！

[爱自己，你会更快乐]

我们总会在不设防的时候喜欢上一些人。没什么原因，也许只是一个温和的笑容，一句关切的问候。可能未曾谋面，可能志趣并不相投，可能不在一个高度，却牢牢地放在心上了。冥冥中该来则来，无处可逃，就好像喜欢一首歌，往往就因为一个旋律或一句打动你的歌词。喜欢或者讨厌，是让人莫名其妙的事情。

缘分是件很奇妙的事情，很多时候，我们已经遇到，却不知道，然后转了一大圈，又回到了这里。一切的一切都是机缘，抑或是定数。所以，我们生命中所遇到的每个人，都应该要珍惜，因为你不知道这种短暂的相遇会因为什么戛然而止，然后彼此阴差阳错，再见面，却发现再也回不到过去，这将是多么可怕的事情。

我们，不要去羡慕别人所拥有的幸福。你以为你没有的，可能在来的路上；你以为她拥有的，可能在去的途中。有的人对你好，是因为你对他好；有的人对你好，是因为懂得你的好。成熟不是心变老，而是眼泪在眼睛里打转，我们却还能保持微笑；总会有一次流泪，让我们瞬间长大。

亲爱的自己，不要抓住回忆不放，断了线的风筝，只能让它飞，放过它，更是放过自己；亲爱的自己，你必须找到除了爱情之外，能够使你用双脚坚强站在大地上的东西；亲爱的自己，你要自信甚至是自恋一点，时刻提醒自己我值得拥有最好的一切。

有个懂你的人，是最大的幸福。这个人，不一定十全十美，但他能读懂你，能走进你的心灵深处，能看懂你心里的一切。最懂你的人，总是会一直地在你身边，默默守护你，不让你受一点点的委屈。真正爱你的人不会说许多爱你的话，却会做许多爱你的事。

每个人骨子里都有这样的情结：想拥有一个蓝颜知己或是红颜知己，既不是夫，也不是妻，更不是情人，而是居住在你精神领域里，一个可以说心里话，但又只是心灵取暖而不身体取暖的人。在你受伤时，第一时间会想起他/她，是你一本心灵日记，也是你生命中一个最长久的秘密。

别人拥有的，你不必羡慕，只要努力，你也会拥有；自己拥有的，你不必炫耀，因为别人也在奋斗，也会拥有。多一点快乐，少一点烦恼，不论富或穷，地位高或低，知识浅或深。每天开心笑，累了就睡觉，醒了就微笑。

第三章

梦想并不遥不可及,你得早起

{ 风雨兼程，大步朝着梦想前进 }

如果你8岁那年坚持梦想，那么18岁以后，你就靠近你的梦想十年。

前不久在网上看过这一段话，觉得特别深有感触，瞬间点燃了自己一鼓作气的决心。

面朝大海，总会春暖花开

我们每个人，都是从母亲十月怀胎而来，蹒跚学步，号啕大哭，我们样样不比别人少。你也没夭折在小时候，你照样顺顺利利地活到这么大，没少鼻子没缺眼。

衣来伸手饭来张口，你过得清闲自在，从不懂得居安思危。你甚至从来都没有想过未来，更别提自己的梦想是什么了，大概连你自己都没认真考虑过。

你扪心自问，你为梦想拼过命吗？为生活不顾一切果断勇敢地前进过吗？为了心心念念的自己固执过一回吗？

我想，大概你没有。

你只有看着别人成功，而后懊恼，为什么别人都取的成果，而你却只有两个馒头一碗粥，那么苦涩萧寒。

然后，你开始抱怨不平等，抱怨没有投胎成富二代，你开始咬牙切齿地安慰自己，这一切都不怨你，都怪命运在捉弄你。

我想没有一个人是不经过努力，就可以到达彼岸的，就算有船有帆也不行。因为你做不到万事俱备，只欠东风。

如果富二代的爸爸不奋斗大半辈子,他儿子也不会衣食无忧,北窗高卧。你没有先天条件,就要笨鸟先飞。

我现在20岁,如果努力十年后,梦想虽然不一定会实现,可它毕竟走近了生活十年。反正日子也是一秒一分的过,何不让自己有个目标。

回家的路都很多条,通往梦想的路,也有很多种,就看你怎么走,所谓该出手时就出手。

[1]

有段时候住在隔壁的邻居,整天都会通过向南的窗子传来刺耳的争吵声,各种碗筷碰撞发出的尖锐声,一些噪音特别大的歌曲声。

我是很好奇这些人,整天都搞些什么,除了喧哗大闹,难道就没点正经事。

老妈说,他们家儿子整天躺在家里酣睡如泥,游手好闲,上个三天班就喊累,熬不了夜干不了重活,就辞职回家一直休息。

他爸恨铁不成钢,整天嘴都长他身上都不行,甭管他20多岁,照样不给面子地痛打一顿。

其实像这种人,社会上有很多。毕了业,像失了魂,完全没有了方向,除了迷茫就是被社会给染了黑颜色。

你如果说他们是孤独患者,倒是给他们安上了病号的头衔。

他们明明朝气蓬勃,却像风吹雨打、寒风霜降过蔫了的花。

如果他们把抱怨的精力放在梦想上,究竟会不会开花结果我不知道,但最起码不会精神萎靡不振,无所事事。

刘同的为梦想努力十年里有一句话:一个可以为梦想努力近十年,然后实现的人。看他第一次露出喜洋洋的笑脸,我的心底也充满了阳光。

我想大概这是最让人对所有烦恼烟消云散的一刻，你的努力不会亏待自己，不要总想着会不会成功，要走就走到尽头。

如果你对什么都畏手畏脚，前怕狼后怕虎，恐怕到最后两手空空，一无所有。

你宁愿被生活逼死，倒不如四处谋生，不一定会活，但最起码不会早死。

[2]

前不久，表姐被炒鱿鱼失业，动不动就发脾气，看谁都不顺眼，开始扯陈年往事，怪父母没本事。

不管我怎么劝，她都像着了魔，一个劲的埋汰，说我事不关己高高挂起，没读过这本经，不知道难在哪里。

如果站在她的角度，我确实是个局外人，事情没有发生在我身上，我的确不能感同身受地替她难过。

我想如果我被炒了鱿鱼，我肯定也会暴跳如雷的气愤，把领导都给骂个遍。可是出气泄愤以后呢，不还是照样过日子。

不管谁劝你都不听，这不叫固执，这叫死脑筋。人家看不起你，你就抓着不放问个究竟，到底为什么看不起你。

可是知道又怎样，不知道又能怎样，你应该做的是好好奋斗，出人头地，去追逐梦想。等你满载而归的时候，自然少不了给那些看扁你的人，一个响亮的耳光。

都说哪里跌倒，就在哪里爬起来，你不能哪里跌倒，就在哪里睡一觉啊。

也有人说，你说的是轻巧，两嘴唇一张，什么都敢说。

我一直崇信，敢说才能敢做，但千万不要说大话。

[3]

趁阳光正好,趁微风不燥,趁我还年轻,趁你还未老。

你还年轻,为什么不去努力,就算你不再年轻了,难道就等着死亡的来临。

我们应该做的是鼓足勇气,一口气昼夜兼程,穿过人山人海,到达人生巅峰。

反正怎样都是一生,碌碌无为是一生,平淡无奇是一生,功成名就也是一生。

怎么活,靠你自己选择。坚持梦想不难,坚守阵地也不难,难的是你内心够不够硬。

看过鲁豫有约,里面的名人旧事,无一不是没有坎坷的人生,最后怎么一步一步迈出这个巨大天坑的,先不管这些故事有没有添油加醋地大讲一通,最起码人家能光宗耀祖一辈子。

我们通常都是在电视机下面无限感慨,替别人的人生感叹,怎么他就有这么好的机遇呢。

你看,你又在推脱了,只要你肯为梦想努力,你也一定会有机遇,虽然不一定让你的大名响彻世界,最少你一生会很充实。

很多人都说人各有命,什么都是天注定。我是最不能听见这样的言论,如果我让你喝一瓶毒药,你看看上天能不能让你活到明天。

前不久何炅说梦想不仅仅是拿来实现的,这说得也很有见解,我们为了梦想努力,才能让自己的生活一直坚持充实下去。

它像一个精神支柱,伴你一直前行。

[4]

姑娘,你梦想是什么?答:有很多钱。

兄弟,你梦想是什么?答:娶个如花似玉的老婆。

好,这是我采集而来的答案,是不是觉得很肤浅?但我却觉得肤浅中透着真实,因为他们没有梦想,梦想就是娶妻生子,攀龙附凤。

其实因人而异,如果强行定义的话,这也算是个梦想。

我不想让自己朝着这样的梦想走去,我也希望所有没有真正去探索梦想的人,能去找到方向,找到梦想。

你该怎样去坚持一个梦想,该怎样去坚持走下去人生这条路,就靠你自己了。

风雨兼程别怕苦,姑娘兄弟,大胆往前走,梦想在朝你招手,加油。

不要在最适合追求梦想的时候选择了安逸

时光的脚步匆匆，高考的硝烟已经渐渐地远离我们这些大学生们，大学的生活里，我们中的大多数每天都会踩着上课铃声进教室，甚至于会在上课十分钟，二十分钟，半个小时才拖着惺忪的睡眼，拿着寝室楼下买的早餐，缓缓地推开教室的后门，上课时间，吃完早饭，默默地趴在桌子上又再一次开始与周公的约会。

在大一时，也许我们中的大多数人还会跟同学室友一起去超市逛逛，去江边玩玩，短假期同学约会一起去爬爬山，一起合影的照片让每个人脸上都笑靥如花。生活虽没有上高中时幻想的那样美丽，但是我们还是会说："我们已经很开心了。"

但如果到大二了，我们的生活可能会回到了高中的"三点一线"：寝室—教室—饭堂，有的同学变成了"两点一线"：寝室—教室，这样我们省去了走路买饭排队的时间，在寝室终于可以每天抱着电脑玩游戏，看视频，吃着零食。更有甚者，课也不上了，每天的活动半径离不开寝室方圆那几米。

记得我们高中高考努力奋斗着，朝着自己美丽的梦想一步步努力，记得当时对自己要求是那么严格，当时的梦想是如此的强大，强大到让自己就每天从早到晚都是在学习，在做题，在一遍遍地背诵记忆，一遍遍地告诉自己要好好加油，要实现自己的这个那个愿望，三百多天，每天都在与自己搏斗。其中有许多美好的回忆，有很温暖的点滴，有同甘共苦的美丽。

可是现在呢？现在的自己是怎么了，每天刷着微博，聊着微信，逛着淘宝，我们在最需要奋斗的年纪做着自己七老八十干的活，看着微信上那些正能量的故事，思考着我们活着还有什么意义，我们是为了什么，我们最初的理想哪去了？我们的梦想难道就这样湮灭了吗？难道我们真的忘了自己最初的梦想了吗？

每个人心里都曾有一个梦，但大部分人都因现实的残酷不得不放弃梦想。等生活安稳了，等有时间了，那个时候我们的人生就已经走了一大半了。还有时间和精力追梦吗？难道你甘心自己的梦想就这样葬送在寝室？

糟糕的人生就像睡觉，该睡的时候不睡，该起的时候不起。如若把睡之前的挥霍和糟蹋，换成将起未起床之间的贪婪和珍惜，生命的价值，自会变得与众不同。可惜，换不成，改变不了。也不是看不到，也不是看不透，而是看到了，看透了，就是难以改变。有的人一辈子在改变上挣扎着。这种挣扎，就像起床前的难受，毕竟被窝里太温暖了，毕竟眯着眼窝着的姿势太舒服了。明明知道，人生的希望在未来，但未来太遥远，当下太值得迷恋。好多人平庸，不是眼光不够长，而是眼光永远在远方，人始终在近旁。

只要有梦想，何时都是最好的开始，带着梦想启程吧。不要在最需要奋斗的年纪里选择堕落，不要让自己的梦想葬送在寝室，努力去追寻自己的远方，去寻找属于自己的方向。

{ 梦想是坚持最大的动力 }

一段时间以前，一位在港的大陆学生，因为学业的压力、前途的渺茫等诸多原因，选择了自杀。在讨论和反思的潮流中，有一位毕业生在校内网匿名发表了自己的故事。他说，自己当年在学校也曾经面临绝境，一文不名。他选择了做"乞丐学生"，坚持着念完了课程。回忆的一些情节让我印象深刻，比如，平时偷偷住电梯间，蓬头垢面如乞丐；实在很饿，学校举办餐会的时候默默进场埋头大吃。

"峣峣者易折，皎皎者易污。"能够从内地高校到香港读书的学子，都是一些很优秀的年轻人。不知道曾经高居象牙塔的书生，怎样狠下心，咬牙面对那一个天渊般的落差，以及旁人的目光和议论。

说到这里，很像一个《读者》式的励志故事。但是这种励志故事从来就不缺乏感动人的力量，因为虽然光明的尾巴不是人人都能够拥有，但是人人都有梦想，面对实现过程中的困难，其奋斗或者说挣扎，却常常和平凡如你我的人们相遇。

《当幸福来敲门/The Pursuit of Happyness》就是这样偶然被看到，又感动了我的电影。黑人克里斯是一名普普通通的医疗器械推销员，妻子忍受不了经济上的压力离开了他，留下5岁的儿子克里斯托夫和他相依为命。克里斯银行账户里只剩下21块钱，因为没钱付房租，他和儿子被撵出了公寓。

费尽周折，克里斯赢得了在一家著名股票投资公司实习的机会，但是实习期间没有薪水，而且最终只有一人可以成功进入公司。

学妹曾经告诉我一个故事，让我每次想到都觉得莫名恐怖。她说，她硕士毕业去广东求职，一个中学要招几个老师，结果南来北往的硕士、博士挤了快有一个礼堂。可想而知，竞争有多么残酷。看来，中外求职者都面临着同样的挑战。但是克里斯和许多80后的大学毕业生不同，他更加坚韧：为了节省时间，上班时候不喝水，以避免上厕所。以疯狂的速度给客户打电话，打完一个，直接按挂机键就拨下一个电话。白天，克里斯忍受着一次又一次被拒绝的失望，带着微笑在公司和客户之间穿梭。回家，则要带着儿子穿过污秽的街道，忍受房东的咆哮。

终于，交不起房租的父子俩流落街头。克里斯和儿子在午夜地铁里相对无言，儿子不能理解为什么不能回家住，爸爸却开始玩游戏："我们通过时光机，到达古代了！"儿子立刻兴奋地配合起来，环顾左右。父子俩在"恐龙"的追杀下，逃到了一个"山洞"里，"山洞"是什么呢，其实是一间男厕所。克里斯搂着熟睡的儿子，坐靠在厕所的墙面。午夜的灯光很惨白，这个消瘦的、营养不良的父亲，默默地流下了泪水。

父子俩依旧为了幸福到来而努力。他们开始住收容所，面对有限的床位，这个奔跑起来像猎豹一样的人，有时候得把草原上的爆发力运用到打架上面来。儿子在简陋的收容所床上睡着了，父亲还在埋头修理推销的医疗器械，或者翻那本厚厚的笔试全书。

钱包磨损得厉害，而且，太瘪了，每张钱都很熟悉。老板要借5块钱，犹豫再三，摩挲着纸币，最终还是把钱送了出去。卖血。鲜血在塑料袋里面渗开，那是一个男人所能奉献的最后。拿着卖血的钱，克里斯仍然去买电子元件。一点点的希望，都要去坚持。

对于父母，最心酸的事是什么呢？就是子女的一点可怜的愿望得不到满足。克里斯托夫的唯一的玩偶"美国英雄",在一次挤车的过程中掉到了地上。5岁的男孩悲恸欲绝,克里斯坚硬的表情下,读出的是面对困难的凶狠和惨痛。但是,无论多么深切的无望,都没有摧毁父子间的亲情与他们的信念,他们相信幸福总会落到自己的身上。"你是个好爸爸",克里斯托夫跟着爸爸四处流浪,可是孩子的心灵,衡量的砝码和天使是一样的。

克里斯最终成为了投资公司的员工,看似冷漠的白人老板们,此时显出他们的些微温情。他忍住了泪水,颤抖着拿起自己的物品,走入了茫茫人海。在熙熙攘攘的人群中间,克里斯举起手,为自己鼓掌,那无声的,一下下重重的掌声,是在为自己喝彩。其实,克里斯托夫的"美国英雄"并没有失落。

这是一个非常典型的"美国梦":一个人通过自己的努力,可以实现自己的梦想,幸福会来敲门。很多人往往会关注对于梦想的树立,而往往忽略过程的艰辛。特别是,当面对一个看似无望的现实的时候,有多少人会坚持,多少人会放弃呢?生活总是在不断地修正,并且提醒我们,顺应大潮的人总是较有可能抵达成功的彼岸。可是,确实是有些人,愿意逆流而上。我相信,这是导演对于逆行者的一点鼓励。

那个香港的匿名毕业生后来博士毕业,找到了一份不错的工作,有了漂亮的妻子和可爱的孩子。这个强人在帖子里说,有什么坚持不下来的呢?只要有梦想……

别让你的梦想只是纸上谈兵

越来越多的人爱说"现实打败了梦想",可是我想说,所有没有行动的梦想都是空想。真正的梦想只会败给自己。梦想不会逃跑,会逃跑的永远是自己。

前阵子朋友圈流行这样一句话"世界这么大,我想去看看",然后就在我们一群朋友之间激起了一阵去旅行的热议,有人说这辈子一定要去一次大理,有人说梦中最美的地方是江南。我问樱桃小姐,"你想去哪?""去厦门。"后来没过多久,就看到樱桃小姐在朋友圈发了一张她的照片,定位在——厦门。

"樱桃真的去了厦门啊!""那又怎样,人家有钱。""不是啊,樱桃是穷游,穷游你懂吗。""我要有时间我也可以。""唉,我得等我工作以后我再去。""要不是担心天气我也去大连了!"

樱桃去了厦门的消息就像一颗炸弹在我们之间炸开,有人羡慕,有人嫉妒。而我,更多的是发自内心的佩服。在我们吵嚷着"钱包那么小,哪也去不了"的时候,樱桃已经在兼职了;在我们还在担心着天气、车票、住宿的时候,樱桃已经做好攻略了;在我们抱怨着一堆事情没处理完的时候,樱桃已经把事情都安排妥当准备出发了;然后,当我们还在说着旅行的梦想的时候,樱桃的梦想已经实现了。

不是因为樱桃比我们有钱,比我们能干,只是我们动动嘴,没有着手去做的，她都一一做了。看吧，努力着去实现，才叫有梦想。我们，大概只会做梦吧。

　　我记得高中的时候我们班有好几个女生都疯狂地要学习韩语，说是有朝一日到韩国旅行没有语言障碍，说不定还能带个"欧巴"回来。结果，没过几天，就看不见有人拿着小本子，抄着中文谐音，模仿着说着生硬的韩文了。后来有一次，橙子小姐来学校找我，我带她去我们学校的食堂吃饭，碰到了几个韩国留学生在窗口和卖饭阿姨正一边比画一边说着什么。橙子走过去一口流利的韩文和他们沟通了起来，然后又转身对阿姨说麻烦打包带走。

　　几个留学生走后，我还没从惊讶中缓过神来。天哪！橙子是不是在韩国定居过！橙子看着我瞪圆的双眼，笑笑说，"还是高中那会儿瞎学的，后来真的感兴趣，就学了这么多年韩语。"当别人都忘了那年梦想的时候，橙子却默默的实现了自己的梦想。

　　多少时候，我们都太爱口说梦想，却忘了行动。有些人之所以走得远，不是因为多聪明，多幸运，不过是因为每天多走了一步。我终于相信真正能阻挡你做你想做的事的，只有你自己。

　　口说的梦想不叫梦想啊！当我们赖在被窝不愿意早起上课的时候，当我们流连于各种社交网站的时候，当我们拿着手机抱着电脑看剧的时候，当我们出去吃吃喝喝闲逛的时候，我们是不是自己都不敢说梦想了。所有没有行动的梦想啊，都是空想。

　　想拿奖学金，就不要"考前才预习"了；想毕业拿高薪，就不要整日窝在宿舍看剧打游戏了；想减肥就管住嘴，也别借口着不运动了。还有哪些别的或大或小的梦想，别梦了，也别想了，着手去做吧，有行动的才是梦想啊！

不放弃梦想的人生与众不同

我们小时候都很傻,对吧?

那时候,被问起长大后想做什么,说出来的名头都很吓人——有人要当老师,有人要当科学家,男孩子们热衷当警察,女孩儿们觉得当个舞蹈家也不错。

大家当成真事来说,好像时间一到,"砰"地一声,就可以变身。

小时候那些调皮捣蛋虚晃的岁月,那些四处疯玩的时光,都在对未来的如梦似幻的想象中,变得流光溢彩。

那时候我们每个人都觉得自己未来一片光明,前程似锦,花团锦簇的生活就等着我们长大。

一直到十几岁的时候,还觉得未来有好多可能性啊。

喜欢在日记本上写写画画的,梦想着有一天能成为作家;喜欢在电脑前目不转睛的,觉得有一天能写出非常厉害的游戏,震惊世界,扬名立万。

那时候的我们,大脑就像是一块海绵一样,吸收着世界给我们的营养,也吸收着五花八门的梦想,天真而稚嫩。

想起来,觉得那种快乐像是无根的浮萍,当时是真的快乐啊,想想未来,就觉得成功唾手可得,梦想即可实现。

可那种快乐,也是真的浅薄啊。因为不知道前路凶险,世事多变,一路走来可能有风有雨,有颠簸有起伏,哪有什么"应该获得"的成功呢?

有几个人不用为了成功付出努力，付出代价呢，普通如你我，更是如此啊。

遗憾的是，踏入社会之后，仿佛从干净整洁无忧无虑的阳光大道，一跃进入了需要自己奋力拼搏拼命生存的大海里，浮浮沉沉，拼尽全力。

大多数人，最开始还以为，成功就在不远方，欣欣然地往前拼搏，可是没过多久，就筋疲力尽，灰心丧气——原来从前的那些雄心壮志，在现实中居然如此不堪一击？

曾经以为自己会成为中流砥柱，曾经以为会成为佼佼者，可是为什么忙了那么久，还是毫不起眼的一个？！

于是，就开始接受自己平凡乃至平庸的定位。

他们将少年时海绵里的水用力挤压干净，把汲取的那些营养与知识，那些五彩斑斓的梦想，都当成累赘，统统榨干出来，因为发现它们对现实而言太过遥远，养家糊口已经很疲惫，那还能奢谈什么梦想？！可笑。

大多时候，把年少时的梦想都忘得一干二净，成功和梦想这种词变得可笑而荒谬，说着"现实很骨感"安慰自己。

总是有很少一部分人，他们对于梦想的执着，像是在内心点燃的一把火，火烧火燎。

让他们不肯放弃在平凡生活中的坚持，不肯放弃在艰难爬坡时的咬牙前行，不肯轻易低头，哪怕明白成功不再是一个人人都可以伸手摘得的果实，他们也决定自己再往前探索一段路，不试试，谁知道会怎样呢？

其中很多人，大都尝到了梦想成真或者是幸福喜悦的味道，这一路的颠簸跌宕，也是不断进取与收获的过程。

早前做采访的时候，有好几个主持人都说自己早年的工作跟广播或电视台毫无瓜葛，有人是在单位上班，有人是工厂的工人。

我颇为惊讶，他们是怎么成为后来近乎万众瞩目的知名主持人的呢，难道就是传说中的后台硬或者是被伯乐相中？

故事，并没有那么简单。

有一位颇负盛名的主持人，她是一次次从小县城到大城市的电台来"碰运气"，不停打听什么时候有招聘，不停地见人就问能否给自己一个机会试试看？

可这如此老土的方式，却最终改变了她的命运，如愿以偿成为了一名主播。

在那之前，她是在小县城上班的工薪阶层，做主持人的梦想激励和照亮着生活，让她跟其他的同龄人不一样，她和同龄人一样也恋爱也结婚也生孩子，但从未停止过学习和进步的脚步。

听到这样的故事，我除了震惊、佩服，还有更多是感动。

我们能够看到她的功成名就，却无法体会她当时的艰难与付出，她一定要付出比常人更多努力，一定要有比别人更多的坚韧，才能够最终将这个梦想点亮。

这个世界上，没有"应该获得的成功"这回事，毕竟这是成年人的世界，一切都有规则。

但归根到底，不肯放弃梦想的人，总是会活得幸福一些。

因为他们要么能够梦想成真，要么能够用梦想点亮自己的人生。

这样的人，从来不平庸，也不平凡，他们总是会活得与众不同，从而体会到其他人无法感受的幸福。

哪怕失败，也是进取的表现

我的表妹青楚是一个典型的乖宝宝，很听父母的话，在人生的前20年从来没有独立做过决定，没有为自己做过一次的主。可这并没有给她带来多大的幸运，反而是挫折。

"在高考填报志愿时，爸爸和我的意见产生了分歧，最终我不胜其扰，感觉这么麻烦，算了，随便吧。在这样的想法下，我按照爸爸的意愿去填报了，可是我用了整整一年的时间才从不能就读喜欢的专业的沮丧中慢慢走出来。之所以会这样，因为我当时太懦弱了，我被失败打击得信心全无。我第一次高考失败，复读了一年，那一年我从不主动跟人交谈，甚至在远远看到一个熟人时，也宁愿多绕一圈路或者躲起来避免正面相遇。后来我才明白，我一直在逃避。"

我能体会青楚的心情。她逃避做决定，害怕自己的一意孤行带来再次的失败；她逃避那个不完美的自己，把失利和复读当作污点看待，只想将它抹除；她逃避应该承担的责任，觉得自己如此弱小根本不足以去决定自己的人生。她不做选择，也不敢正视生活中碰到的问题，不敢倾听内心的渴望。

可是，问题从来不会自行消失，它一直都在，并且让我们在同样的地方不停地跌倒。青楚虽然进入名牌大学，但过得一塌糊涂。因为没有动力，便对生活敷衍了事；因为缺少辨别能力，便对自己不够负责。逃课、玩乐……成了她的主旋律。

"你后悔吗？"我问她。

"我后悔极了，因为我甚至都没有认真考虑过自己是否真的想去复读，没有在可以选择时坚持自己热爱的专业，更没有在自己拥有对大学生活的自主权时努力寻求改变和突破，正是这有意无意的逃避造成了我之后两年的痛苦挣扎。直到某一天，签到之后，我正要依照惯例逃课，在拾东西的时候，突然传来一个冷眼旁观的声音：'看，她又要走了。'那一刻，我突然意识到，我真是一个懦夫。"

其实，我们很多人跟青楚一样，总是怯弱，对生活充满了害怕，怕做决定，怕失去，怕世俗的眼光，怕外界的评价，怕亲人的失望，怕面对批评，怕承担后果。时间转瞬即逝，我们离期待的未来渐行渐远，那一片落寞背后，绝不只是知识的匮乏和欠缺，还有不断进取的信念和自我挑战的勇气。

一旦有了怯弱，便失去了智慧。

我们自我催眠，觉得只要不去想，就可以实现对可能出现的最坏结果的逃避。很多事如果从来不知道，就可以假装不难过；很多人如果从来不认识，就可以假装不伤心。

可是，怯弱本身会滋生种种问题，比如拖延，比如推卸责任，比如社交恐惧，等等。同时，怯弱的人往往善于伪装，将自己隐藏在人群之中，看不到不妥之处。这是因为怯弱的人，他拒绝认识自己，拒绝接纳自己本来的面目。可是我们一天不承认，就一天不能获得真正的成长。

"我不止一次地想过，如果我在第一次失利的夏天，认真考虑自己的路，追求自己想过的生活，现在是不是会更快乐。"她笑着对我说，"可是，一切都不能重来，不能假设。我不能再躲避过去，我要做的是面向未来。"

青楚最后决定转专业，在半年的准备时间里，她摒弃了过往混乱和无序的生活方式，将全部心力放在自学和练习上，最终如愿以偿。原来，事情根本没有那么难。当人生遭遇逆流，试着让灵魂沉入平静的海洋，采取积极的行动，而不是任其随波逐流。

年轻时，我们受到一点点伤害，就会躲起来：看，世道如此多艰！随着年龄增长，经历的事情多了，也越来越理解，当年那些小伤痛和小惶恐，不过是因为不够成熟，缺乏有效处理事情的能力罢了。因为没有底气，才会过度地自我保护。一旦有了解决问题的能力，自然不会惧怕路上的荆棘，反而能越来越多地打开自己。未来藏在迷雾之中，隔着距离，叫人胆怯，但当人踏足其中，就会云开雾散。

我们总说优秀其实是一种习惯，这不仅体现在一个人取得的成就，更体现在他如何面对低谷。当我学会诚实地面对生活中的不好时，当我能够坦然地接受工作中的不如意时，当我可以真正地接纳现实的悲喜交加时，我开始知道，生活是一种态度，我们完全可以在最低谷时依然心怀感恩；生活也是一种选择，我们完全可以在失意之时依然脚踏实地。因着这自觉和意识，便能对这人生多一分宽容和理解，不论哪一段时光都会成为独特的唯一。

虽然，事态如何发展不归我们管，但如何处理却由自己做主。

你越惧怕什么，什么就会成为你的生活。怯弱的苦果，就在于随之而来的因拖延而产生的焦虑，因错失机会而产生的后悔，因自我放弃而产生的内疚。这些都比怯弱本身更加折磨人，它会慢慢吞噬你的斗志和希望。

一旦面对，事情反而朝着好的方向发展。年轻有什么可怕的呢？不如趁着现在多多试错，努力充实灵魂，拼命体验生活，好好积累智慧，指望那些虚幻的快感以后怎么办呢？

如果必须冒险，就得趁早。生活是有侵略性的，年纪越大，最后要背负的责任就越多，承担风险的能力就越弱。积极甚至不计较后果的行动，是年轻的特权，也是制胜的法宝。因为我们精力充沛，我们才思敏捷，即便最后行不通，未来还有大把光阴。我们的尝试会被视作勇敢，哪怕失败也会被看作进取的证明。

尼采说过："每个年轻的心灵日日夜夜都听见这个呼唤，并且为之战栗。"这就是勇气的涌动，你能感受得到吗？

{ 与其待在原地纠结质疑，
  不如在折腾中看清楚自己 }

[1]

此刻已经是深夜，我还在美术馆忙着下一个展览的事情，从策展到布展，耗时耗力不可估量，精神一度萎靡不振。对面陶瓷馆也还亮着灯，拉胚机还在转动着。

"还不走？"

陶瓷馆的首席制陶师跑过来，倚在门口和我说话。

"你不也还在拉胚么？"

他转身回陶瓷馆，泡了一杯咖啡给我送过来，说："如果累的话，过来玩泥拉胚放松下。"

今年他33岁，别看他现在是陶瓷馆的首席制陶师，在3年前，他是一个一无所有的30岁即将步入中年行列的男人。

30岁以前的他是做建筑设计的，工作辛苦又累，压力非常大，头发一绺一绺地掉，像霜雪吹满头，人未老已白首。

29岁的时候，和他谈了五年恋爱的女友提出分手，只因为他工作忙没时间陪她还没钱，看不到未来的样子，又不想同甘共苦，分手的时候，还拿走他全部的积蓄。

和女友分手后，他对人生感到困惑和迷茫，在建筑设计的领域做得一塌糊涂，勉强糊口，还把女友搞丢了，人财两空，要多么失败，才将生活搞成一团糟。

想转行做别的，却不知道做什么。从头学起，会不会太晚，当时的他像无头苍蝇一样，乱撞乱碰，对人生感到绝望。

他说，那段时间我常这样问自己，除了这份朝九晚五，不对，天天加班到深夜的工作，身体越来越吃不消，又没有任何一技之长，我还能做什么，怎么奢望过上想要的生活，难道我的人生就这样了？

[2]

在消沉中，他遇见了他的大学老师，开了一家陶瓷馆，也还刚起步。他的老师叫他去陶瓷馆玩玩泥巴，放松一下心情。

他坐在拉胚机前，认真专注捏泥的时候，完全忘记了时间的流逝，那一刻，他只想好好打磨手中的泥团，将它们捏成自己想要的样子，在揉泥巴的过程，像是与心对话。

老师说："你来和我做陶瓷吧。"

他说："我都30岁了，这是手艺活，人家十多岁就开始学，我现在来做这个会不会太晚？"

老师说："只要从现在开始努力，最坏不过是大器晚成。相信自己，你要成为何种人，就该为之努力。"

他像打了鸡血一般，被老师的话打动了。回去后就辞职了，和老师一起做陶瓷。

他说，老师50岁了，还愿意折腾，舍弃大学教授的名誉和地位，窝在陶瓷馆捏泥巴，他并不比我强多少，做陶瓷的手艺也才刚刚和师父学的，我才30

岁，还怕什么呢？

在陶瓷馆的日子，他夜以继日地学习拉胚和练习画瓷，日子过得非常清苦，因为是学徒，没有薪资待遇。

这三年，他没办法想象自己怎么度过的。没朋友，没约会，没任何饭局，没买过衣服，甚至很少走出陶瓷馆。在日复一日枯燥繁重地揉泥、找重心的过程中，精心打磨作品，并竭尽全力。

虽然也累，但那只是身体的累，精神是愉悦的。精疲力竭的身体给人安心的感觉，他是非常享受这种专注而安静的。做陶瓷的日子，他早已忘记外面的世界。累了，看看书，种几盆花草，这便是他业余时间所有的娱乐。

他说，人活着，要做喜欢的事情，才不算白活。能找到想做的事，能做想做的事，很幸福。能安静地做陶瓷，就很知足。

经过三年的努力，他做的陶瓷都卖出去了，还有许多签约订制的，从一无所有，到吃穿不愁；从学徒到首席制陶师，这一路走来，跌跌撞撞，但有成就。这远远不够，在做陶瓷的这条路上，他说他还只是一个新手，还在不断摸索精进手艺。

从来没有不经历迷茫和挫折就能得到美好，虽然现在生活仍有许多苟且，但我发现其实苟且也是美好的赠品。

[3]

我想，这世上不会有一样学习叫作浪费，只有一个东西叫作浪费，就是犹豫不决。当你决定要去做的时候，就放手一搏吧，不要犹犹豫豫，考虑太多反而一事无成。

最近刷遍朋友圈的最帅、最炫老大爷王德顺，为"喜欢就努力追求，年纪再大依然可以活出精彩"做了最好证明。

他24岁当话剧演员；44岁开始学英语；49岁创造了造型哑剧，到北京成了一名老北漂，没房没车，一切从头开始；50岁，我进了健身房，开始健身；57岁，我再次走上了舞台，创造了世界唯一的艺术形式，它叫活雕塑；70岁，我开始有意识地练腹肌；79岁，我走上了T台。他今年80岁，还有梦，还有追求。

我们有多少人是手握一把烂牌，打出想要的局面的；又有多少人，早早对人生缴械投降，彻底认怂，过着堕落不堪的日子？

前两天看了一篇麦家的文章，说他的《解密》写了11年，退稿17次，他依然坚持着没放弃。虽然他早已有名气，可在写书的这条路上为自己的坚持而坚持着。

为了写《解密》，他去西藏驻守，在神秘又荒凉的地方，每天都在思考。还反复阅读博尔赫斯的书，甚至将他的很多诗都能背诵出来，他的小说也能大段大段背诵。

在西藏的三年，他像一个僧侣一样，完全沉浸在单调孤傲的日子里，可文学生活很丰富，这就足够了。虽然退稿十多次，稿子一改再改，但最终，在他坚持和努力的探索之下，写成了《解密》。

[4]

"我没有温柔，唯独有这点英勇，跌下来再上去，就像是不倒翁，明明已是扑空，再尽力补中。"

再听杨千嬅的这首《勇》，听完别人的故事，也亲眼见证身边的人通过努力长成应有的样子，这让我更加坚定方向。

这么些年，我没有为什么事情坚持过，唯有在写作和写书法的这条道路上，还在战战兢兢地坚持着。

关于写作，到现在，似乎没有拿得出手的成绩，我既没有出书，也没有爆款文章拿来炫耀。我不会写现在流行的鸡汤励志，不会追热点，但我想，只要写得好，咸菜稀饭也会有人欣赏的。

写作这件事情我要做一辈子的，只要坚持不懈，每天努力码字，多读书，多学习，精进写作技巧，总会越来越好的。只要时刻准备着，也就不怕没有机会。只有打心眼里认可的事情，努力去做，才不会长出鬼鬼祟祟的气质。

其实写书法，也是近一年时间才开始练习。当初还想，一把年纪，开始对书法感兴趣，顶多也就业余玩玩吧，没想出什么成绩。

从对书法一无所知，连拿毛笔都拿不稳，中锋练不出来，到现在写行草《王羲之圣教序》，有业内人士看过后，还想买我的字，虽然还在临帖阶段，还没有创造自己的风格，但这样的成绩总归让人欣慰的。

有些事情努力去做了，总会有结果，而想太多不去做，就什么都没有了。时间过得太快，我不想对不起自己。

还陷在迷茫中的人们，拨开迷雾，找到自己想要做的事情，去努力奋斗吧。只要你肯用心去做，耐得住寂寞，守得住心，所有努力都不会白费。与其待在原地纠结质疑，不如在折腾中看清楚自己。

人生，从你动手去做的那一刻开始，就会变得不一样。不管多大年纪，下定决心，一切都不会太迟。就算大器晚成，总比碌碌无为，平庸一辈子要好。

不要让你的梦想喂了狗，苟且般活着。

为了梦想，你做了哪些努力

[1]

看一个节目，被一个男孩气到不行。

男孩长得挺帅的，身材也好，穿衣服也好看，更重要的是，他有一个金光闪闪的梦想，他想当模特。

长得帅又有梦想的男孩，是不是酷到让人尖叫？

本来应该是的，可是这个男孩在台上站了几分钟，就让人忍不住摇头叹气。

他确实有梦想，也因为有梦想，他变得趾高气扬，眼高于顶。他不屑于跟人打交道，不屑于工作挣钱，每天就是不停地买衣服，不停地自拍。无论遇到多少麻烦，无论别人怎么指责自己，他只要扔下一句话，心里顿时就爽歪歪。

这句话是：等我以后红了，你们都得跪舔我！

好吧，有梦想的人与众不同一些也没关系，但是，他为梦想都做了些什么呢？很遗憾，除了穿衣打扮，我没有看到他做任何与模特有关的练习。他每天有大把的时间，他用这些时间打游戏，刷朋友圈，睡觉。

家人为他找了很多份工作，可是每一份都干不长，因为他觉得，自己将来是模特，怎么可以做这些粗活？太掉面子了。他花着父母的钱，脸不红心不跳，还一脸洒脱，说自己以后成功了，会加倍补偿他们，他们不会吃亏的。

梦想就像中午的太阳，在他面前闪着刺眼的光，他沐浴在这强光里，觉得前途明亮得一塌糊涂，却没有看到，阴影早已将自己覆盖。

他不学专业知识怎么能够入行？他不多学习提升内涵，怎么才能更有气质？他不努力挣钱，拿什么包装自己？

以他这种每天不干正事只空想的方式，恐怕直到皮肤松弛，皱纹爬上脸颊，也不可能成为一个优秀的模特。

如果叫嚷几句，做一下梦就可以实现梦想，那这个世界就不会有那么多努力的人了，就不会有那么多人为了梦想吃苦受累。

[2]

但是，我们身边真的有很多这样的人。

有人天天叫嚷着自己的梦想是开一家小店，却从来不去做市场调查，不去关注门面租金，不去看货挑货。

有人梦想着写一部长篇，一年过去了，两年过去了，还是一个字都没有写，还是孜孜不倦地在畅谈。

有人梦想着瘦下来以后就穿漂亮的衣服，却每天照吃照睡，宁愿躺在沙发上一边看电视一边吃零食，也不肯下楼跑几圈。

有人梦想着说一口流利的英语，却从来不去记单词，甚至看外国电影只看中文配音的，一年又一年，还是什么都不会。

有位姑娘给我留言，她说自己有一个梦想，就是写文章，当作家。

隔着电脑屏幕，我都能感觉到她的神采飞扬。是啊，有梦想是多么激荡人心的一件事情。

我鼓励她，当然可以，年轻人没有拖累，利用时间看书写字，并不是一件难坚持的事。她也信誓旦旦地说，她一定会努力的。

可是一个月过去了，两个月过去了，她一点消息都没有。某一天忽然冒出来，问她文章写得怎么样了，她就开始连声叫苦：不好意思啊姐姐，我实在太忙了，没时间写。

我问她的时间都是怎么安排的，她洋洋洒洒说了很多，我却发现，除了一天八小时工作，其他时间，其实都是可以节省下来的。比如少参加几个聚会，少玩一会儿手机，家务用碎片时间去做。只要安排得好，每天至少有两个小时是属于自己的。

这两个小时留给看书和写作，足够了。

姑娘说：时间是能节省下来，可是，我老是想拖，老是控制不住自己。我觉得好难啊，根本不知道怎么动笔。

我谆谆教导：刚开始肯定难，咬牙坚持几天，养成习惯就好了，写得差一点没关系，关键让自己在那个状态里，这样每天进步一点点，不是每天都离梦想近了一点点吗？

姑娘答应试试，可是几个月过去了，再次聊天时，又是新的一幕重演。

我即使再热心，对于这样的人，也会心生不满，失了所有谈话的兴趣。我知道，她就纯粹只是有梦想而已，或许她根本就没有想着实现，只是觉得，一个人有梦想就显得自己努力上进。

[3]

还有一位朋友，也很想利用业余时间学点东西，比如插花，比如考个证书。她觉得，生活太庸常，她需要有点梦想来激励自己。

不管想学什么，只要有梦想，生活就会多姿多彩。

朋友年龄不小，所以我很佩服她的勇气，也一再地鼓励她，并帮她规划自己的时间。虽然她的时间被工作和家庭占去了绝大部分，但挤一挤，也还是有的。

比如家务可以让家人帮忙做，或者买些拖地机之类的智能家电，把自己从家务中解放出来，哪怕每天只有一小时，长期坚持，也会有惊人的效果。

可是很久过去了，朋友想做的事依然没有去做。

我忍不住问她为什么，她说，家人是指望不上的，家务还是得自己做。

我是个急性子，立即就红了眼：为什么指望不上啊？家务又不是你一个人的责任，你重视你的梦想，家人自然会帮你承担家务。实在不行还能买智能家电请钟点工啊。

朋友不耐烦地说：我们普通人有很多无奈，没那么容易的。

我被噎得无语了。

[4]

一个人想找方法，就总能找到方法，而一个人想找借口，就总能找到借口。

是的，我知道，想要实现梦想，并不是一件容易的事情，我们总要迈过很多障碍。

这些障碍，有来自自己的，有来自家人的，还有来自不相干的陌生人的。但那又怎么样呢？只要你重视梦想，并真正放手去做，你会发现，所有的障碍都不算什么。

我也认识很多人，他们有的每天工作到凌晨，只为写一本小说；有的放弃工作，花光所有积蓄，只为做自己想做的事；有的严格规划自己的时间，只为挤出时间学英语、考证。

有梦想很重要，更重要的是，你必须每天都行走在前往梦想的路上，在为梦想做着看得见的努力，而不是一天到晚只有空想。

很多人信奉一句话：梦想还是要有的，万一实现了呢？

那我告诉你，如果你每天都是空想，那么，你的梦想无论多么美好，都不会有万一实现的那一天。

有梦想是好事，但为梦想所做的那些琐事，才真的是闪闪发光。

别让你的梦想失去了颜色

我一直都记得。

那时我们都说要去很远的地方。

而我们在那段被称为"时过境迁"的时光里,又留下些什么来丈量年轻的宽度呢?

是梦想。

总有一天,它要以翠绿的形式回归地面。

当时,还未明白苍白的现实究竟以怎样的姿态掌控着生命的脉搏,于是用愈加直白的方式抬头仰望这个世界,素面朝天。

小时候,当被老师问及"长大后想当什么"一类因重复多次而略显俗套的问题时,还是会很认真地思考一番,然后歪歪扭扭地在纸片上写下诸如"歌星""科学家""企业家"等等正统而光芒万丈的名词。显然,完全忘了考虑是否具有实践性。然后得意扬扬地伸头去看邻座伙伴写的是什么,互相比较一番。

在略微懊恼自己写得不如别人称心后,便大大咧咧地扯开了话题。所谓理想,便是不了了之。以至于一星期后再回忆那天纸片上所写的文字时,脑海里唯一的印象便是一大片荒芜的墨渍。

哪时,自然不懂得落笔的重量,这一笔荡开,仿佛未来都在触手可及的地方静静地等待绽放。墨香不退,星芒不散。

其实，很久以后的今天，除了喟叹年少时候太骄纵，更多地，还是怀念那些用浪漫的情怀来接纳未来的我们。

深深地缅怀。

杜牧曾赋一首《叹花》给一位爱而未得的女子："自恨寻芳到已迟，往年曾见未开时。如今风摆花狼藉，绿叶成阴子满枝。"

当韶华挥霍殆尽，转而寻觅当年巧笑嫣然的你，却自知已是迟了。曾经初见你的时候，你还没有长大，美好得像枝头的花儿。如今再回首，你已是晚风里飘摇的残花。绿叶成了荫，果实满了枝。可惜都不是关于我的。

对于我们，可否将这女子看作我们的梦想。曾经，她在年轻的光阴里肆意地灿烂，而我们却不懂得珍惜，当多年后懊悔地回忆起来，这梦想已经不属于自己了。

令人欣喜的是，早年也有立志当一位诗人的目标，并持续了一段较长的岁月。钟爱于长长短短的诗句，钟爱于诗里更富有张力的文字。

会攒下一星期的零花钱，在别人舔冰激凌的时候，我会加快脚步地离开，偷偷地咽下口水。只为了去买一本精致的本子。然后一笔一画地写下自己的诗。满心欢喜。

还记得本子的封面很好看，背景是一大片安静的熏衣草，一个穿着百褶裙的女孩被硕大的热气球拉得飘了起来，笑靥如花。

像极了某个姑娘。

原以为梦想可以预见，在漫长而蜿蜒的尽头等我。

再也没有荆棘。

可惜成长注定是缓慢而残酷的。曾经那个关于诗人的、小小的梦，在繁重的学业前是那么卑微。梦想成了"志愿"、成了"大学"、成了"分数"。我们都不可免俗地追逐着这些，在年复一年的日子里，忘记了如何去波澜壮阔。

一些人，一些事，一些情怀，一些梦想，失了颜色，失了重量。

我听见有寂寞静静地滴落下来。

偶尔会在安静的晚自修上淡淡地出神，桌上摊开的数学题典让人禁不住皱眉，如果有人抬头，一定会看见我脸上惆怅的情绪吧。可是直到如今，依然没有人发现过。

至于那本诗集，如今正躺在我的床柜里，许久没有翻动过了。一些很美丽，很美丽的句子还是一如既往地美丽。

席慕容有句诗是这样的："在黑暗的河流上被你遗落了的一切，终于只能成为星空下被人静静传诵着的，你的昔日我的昨夜。"

梦想就像我所珍爱的人。是啊，你的昔日我的昨夜。

梦想是一生的信仰，它会停歇，它会转弯，它会悄悄沉默下来，可它一直都在。

也许我们因为种种，将它遗忘在泛黄的过去。别担心，它会记得回来的路。

我们已经长大，所以，一定要找回它，免它惊，免它扰，免它四下流离。

为了梦想，一定要风雨兼程。记住。

{ 不做梦想的观望者 }

忙碌的生活中，你是否早已忘记了一个个曾经深藏于内心的梦想？如果你还能回忆起来，就拿笔和纸把它们悉数列出来，然后，从现在开始积极行动起来，为这些梦想付出不懈的努力吧！当你全力以赴的时候，你的生活会因此而精彩，成功之门将会随时向你敞开。

1994年，邻家大哥29岁，在一个本地的国企当工人。那时，他的生活简单而平淡，每天近乎千篇一律，不是上班下班，就是回家吃饭。然而，当单位疯传一个消息时，他的内心有了一种说不出的恐慌：消息说，他们厂子将要破产和拍卖，联系起当时下岗减员的大形势，他突然意识到，自己的饭碗可能不保了。

就在得知这消息不久前，为了给父亲治病做手术，他几乎花光了全部的储蓄。现在，他又不得不面临即将下岗的尴尬。想到自己的处境，他无法不去心焦和忧虑，存折上的余额，已经不足100元，而妻子正怀着8个月的身孕。

果然，正如大哥的所料。7个月后，他下岗离开了工作十年的厂子，父亲因病情恶化刚刚过世，儿子出生不久嗷嗷待哺。由于精神和生活的双重挤压，在他的内心深处，尽是一种深深的生活挫败感。失业的日子里，他郁郁寡欢，饱受煎熬，觉得自己一下子就被世界给无情地抛弃了。

看着他的消极，妻子感到了心疼。为了帮他减少一些负担，她把儿子送到了她妈家，然后拖着刚出月子的身子，每天在外东奔西跑，不辞劳苦地推销起了保险，也好挣点收入以养家糊口。一天，妻子在书店看到一本《神奇大思维》的书，她读了几页之后，认为内容很适合丈夫看，便买回家送给了他，同时希望他通过看书而舒缓一些压力。

他被妻子的默默关怀感动了。当晚，他就通宵达旦读起了这本书。读着读着，忽然，有一句话跳进了他的眼帘："想一想，你死前要完成的100个梦想，然后把它们写下来。"看到这里，他忍不住合上书，拿来笔和本，异常认真地写了起来，比如，乘巨轮在大海上乘风破浪，远洋航行；走上电视荧屏，成为节目的采访对象；驾驶越野车，到青藏高原去自由旅行；坐在清华大学的教室里，亲耳聆听著名的教授讲课……

天亮了，他写下了从小至今所有的梦想，而且远远超过了100个。看着曾经想要实现的梦想，一遍又一遍。蓦然间，他觉得自己不再是灰心丧气，而是对未来充满了期待和希望。毫无疑问，这些梦想对于一个无业游民来说，似乎只是一种可望不可即的奢想。

但他，还是拿给妻子看了。

妻子看完，兴奋地对他说："你的梦想好浪漫啊，如果这些梦想全部实现了，那么，我们的生活该会多么精彩啊！但是就目前而言，我觉得你是不是再加一个很重要的梦想，那就是尽快找到一份工作。"听了妻子的话，他便在本子上又加了一个梦想——找到一个新工作！

之后的岁月里，面对着一个个美好的梦想，他并没有视之为一时的心血来潮，而是视如珍宝般铭记心间，并开始付诸行动为之不懈地努力。而且，每当实现一个梦想时，他就会取出那个记着梦想的小本子，用笔小心翼翼地画掉它。

如今，将近20个年头过去了——

他乘远洋巨轮去了很多国家，在大海上乘风破浪的时间累计超过20个月，因为他下岗后的第一份新工作，就是找朋友介绍，在一艘远洋货轮上做了一名水手；他被电视采访也已有很多次，他记得第一次走上电视，是用当水手攒下的10万块钱开办超市的时候，作为下岗创业明星，市电视台采访了他；他在小超市发展为大商场后，拥有了一台越野车，还亲自驾驶着行程数万里，圆满了自由行在青藏高原的梦想；而在清华大学的教室里，他也已亲耳聆听过十多位知名学者精彩的演讲……

跟我谈及这些时，在他那夜写下的100多个梦想里，除了10多个还在努力实现中，其它的都已圆满了，包括在老家的村子里修建学校、公路、敬老院等等。最后，他还语重心长地说了这么一句话："从我写下一个个梦想的那一刻起，我已不再是消极生活的观望者，而是积极向上的行动者。如果有一天，你也列下了自己梦想的话，就不要把大好时光浪费在早晨的懒觉里，那样会让你错过一个个人生机会。"

｛别把你的梦想
　　拱手让给岁月和时光｝

　　晚上，一家人吃完饭，六七个人坐在一起聊天。突然有那么一刻说起每个人今后的梦想和打算，原以为年轻人一定充满了憧憬和浪漫，有着天空一样辽远的想法，谁知道，几个年轻人老成、世故，无比的冷静和现实。一脸无辜的样子，满腹牢骚：梦想是个什么鬼？折合成人民币能买几斤豆腐？小时候有过梦想，可惜被父母活生生地掐死在摇篮中，按照他们规划的未来活成了现在的样子，哦，到了这儿，你们又开始问我梦想。梦想就是一茬冬麦，割了就永不再来……

　　可是年轻人，年轻时候没有梦想，就好比童年时候没有童话一样，你们会后悔的！梦想不是给家长做的样子、分配的指标，是灿烂你生命的一抹色彩，过去了就永不再来！

　　我的女儿不像他们。她穿着她妈妈的高跟鞋，妖娆地走在我跟前，异常憧憬地说出她的梦想：爸爸，我长大了喝酒呀。多好的梦想，长大喝酒呀。在女儿的世界里，只有高兴的时候才能聚在一起喝酒，只要喝酒，就会歌唱，一群人唱一首歌，无边无际地畅想远方，无拘无束。一切的生活都变得简单和快乐，这是多么美好的梦想。

　　我有时候庆幸，女儿生在牧民家里，她的成长记忆里，都是一群喝点酒就可以快乐的人，唱起歌来不管技巧和表现的人，而不像在一些心事很重的人群里，喝酒是带着心思、揣度和装相来的，喝得矜持、喝得泾渭分明、喝得云山雾罩、喝得暗潮云涌。

我小的时候，已穷到无家可归，按照他们的逻辑，谈梦想就是一个笑话。其实，上天造就人类的时候，就把梦想的程序编进了生命。每天睁开眼看见明媚的阳光就阻止不了梦想的生根发芽，那是一种酷炫的感觉。最主要的是你相信它会实现，活在希望和期盼中的日子会凭空感到明媚。

最初，我梦想能穿上军装，为了这个梦想，我坚持训练，学会干练果断，学会勇敢和坚持，即使后来与军人毫无搭界，但是那段准备的日子它成为我最闪亮的时光；再后来，我梦想有一天能像三毛一样自由翱翔，天马行空，虽然渐渐明白这是一种幻想，但也正是这个梦想，改变了我对生活的态度，它让我坚信：活着就是为了遇见美好。

我梦想过有一天可以用文字表达自己心中的暗淡，我梦想如三毛一样游走在天涯海角，我梦想过至少有一个人一定等我在懂我的路上，我也梦想过亲人不老、我一直年轻……后来我知道，这些都是年轻拥有的资本，让自己的人生有了些许期盼。

如今，即使已经不惑，我还时常告诫自己仍然年轻，要随时保有一颗向往远方的心；我告诉自己一定缓慢下来，一定带着亲人走一段旅程，不为看海，不为登山，只为在路上有你相伴。多少年，我们为了生活和所谓的面子，挣命在各种旋涡和目光里，有时候我想，是不是我们走得太快，忘记了最初的梦想，奔命在终点，却不记得人生的一路风景，想想这是多么悲哀和不值。

我有一位远房的表姐，18岁就出嫁在大漠深处，38岁的时候已经是年轻的姥姥。那年腿疼，我带她来城里看病，她羡慕我38岁的剩女同事怎么可以依然有少女一样的娇媚。表姐感慨，这才是女人应有的一生，不像她18岁就结束了青春。梦停在了哪里，哪里就结束了青春。这话现在让我想起来也会为表姐心疼。青春没有梦想，就已经苍老。

我儿子初三的时候，看着他那瘦骨嶙峋的分数，加之周围已经定性的评价，他一度也觉得自己这一生也就那个样子了，整天萎靡不振，一副老气横秋。我给他讲我初三比他还暗淡的生活，我告诉他，你很优秀，只是暂时迷失了方向。我带他去北京，去国家大剧院看演出，看其他人如何优雅地生活；我也带他去北大，看那些如他一样的体育生如何生龙活虎、阳光灿烂。那个暑假回来，明显看出他的变化，他一点点从自卑中走出来，一点点有了憧憬——是梦想让他重新渐渐阳光。我知道，他的将来也许很平凡，但是有梦想陪伴的年轻会成为他最美好的经历。

梦想不是让一个人瞬间伟大，而是让一个人拥有希望和色彩。梦想不一定能成就你的人生，但一定能丰富你的人生，这就是梦想的魅力所在！你那么年轻，为什么要将坐拥的幸福拱手相送给岁月和时光？

梦想从此刻开始启航

凌晨两点多依然睡不着，刷手机看到微信上的一篇推文：

我有一个梦想，让所有的蚊子都能吸脂肪；我有一个梦想，岁月啊请熨平我的肚腩。

摸摸自己的小肚腩，看看时间，想起我有个一直没有实现的梦想：晚上九点睡觉，早上五点起床。

最开始做不到，是不想。十多岁，高中开始寄宿，学校虽然规定了晚上熄灯早上升旗，但我求知若渴又身处激烈竞争环境，看了几本名人传记，热血动不动沸腾，加上喜欢看书爱瞎想还写日记，免不了晚上点蜡烛挑灯夜战，以时间换空间。那期间，除了啃完几大名著，还看了几本不知道出处的手抄本，顺便完成了青春期的启蒙。小孩子有了心事，也有了黑眼圈。

后来是没条件，不行。三十上下的时候，恰逢生活里最忙的阶段，也许是自己想要的太多，职场得拼，娃儿得哄，还得使劲学习考证，写作应酬，家人朋友，总希望自己能玲珑八面，把每一件事情都做好，就更免不了用尽十二分力气，晚睡早起。这个阶段，两三点睡是常事，四五点也偶尔为之，自己也误以为女汉子是铁打的金刚，熬不坏，打不垮。

然后就是身体的睡眠障碍，不能了。突然有一天，我发现无论如何都不能让自己入睡，深呼吸、泡脚、荞麦枕头、桂圆肉、中药，各种官方民间的配方都不能让自己睡着，健身、瑜伽、快走、拼搏到感动自己，也无法召唤睡神。睡神如爱人，一开始没有照顾好，后来就没有机会去照顾了。一直不去睡，后来就睡不了。

我还有一个梦想，想从明天开始，打扫房间，清掉所有经年不用的东西，像法国人一样只留下十套衣服；删除所有用不上的邮件，拉黑朋友圈不知来历的人，把待办清单上所有的事项一次性完成；放下手机，不刷微信和朋友圈。清清爽爽，从从容容，给自己留有足够的空间，没有负重感。

这样，从明天开始，我的生活就会焕然一新，从头开始，180度大转身。至于今天，嗯，先刷下手机吧。刚看完的这些书和杂志，脱下来的衣服，随便扔在哪儿就好了。

而N个明天已经到来、过去，床头柜上依然堆满了买来没看完的新书，柜子里的衣服依然又多又乱，好几个包包里有散乱的零钱和发票，桌子上有扔了可惜留着没用的杂物，待办清单上面永远有几条，好像怎么也做不完。

下多大的决心，有多好的规划，根本不重要。实现梦想的路子不是突破，而是积累。如果有特别好的习惯，每一天都整齐有条理，时间规划有序，根本用不上一腔热血去断舍离。

家里有个戒烟专业户，他已经连续多次戒烟成功，每一次都打破上次的最长戒烟纪录。他的名言是，"抽完这根就不抽了"。戒烟这种事，自愿不易，强制更难。但戒不掉"这一根"，就别指望说下一根了。

生活是不间断的连续剧，流水一样，无法抽刀断水。拖延给明天去完成的梦想，已经被证明多次不靠谱。实现梦想不靠未来，靠现在。

总有一些行动力特别强的人，他们既不做梦，也不瞎想，只是做而已。

20年前来深圳，认识了在大梅沙摆水果摊的阿强。他是潮汕人，初中文化，皮肤黑、鼻孔大，一说话就"嘿嘿嘿"，还搓着手，既无颜值也缺才华，在深圳这个地方，明显核心竞争力不足。

他四五点钟去批发市场进货，六七点时支起摊子搭防晒棚，晚上十一二点收摊，一天天重复。他在小摊上备了免费凉茶，买不买水果的人都来蹭一碗。给附近上班的白领们苹果削皮、榴莲去核、圣女果洗干净，定时定点送去下午茶。他给买猕猴桃的抓上一把龙眼，又给要鲜核桃的配一把核桃夹。

我当时有份收入不高但自觉体面的白领工作，觉得摆摊这种事情，自己无论如何做不出手。阿强当然一点都不介意。

20年过去，我的职位稍微升了一点点，工资涨了一些，折算完毕，也就是多了几斤水果钱。阿强的连锁店已经开遍深圳的各个社区，准备向周边城市发展。

他老家的初中请他回去做演讲，想了解他这个起点低的人，如何发家奋斗，成为励志偶像。阿强一上讲台，还是"嘿嘿嘿"地搓手，不知所措。他说自己有个客户，最开始给她送小盒的水果，后来她负责员工福利，就包了她全公司的水果供应，后来她又帮他介绍了其他互联网公司，现在科技园那一带基本是他在做……

阿强没有卓越的演讲能力，也没有提过一个字的梦想。最开始为着讨一份生活，不过是能踏实、肯付出，不玩花花架子，终成旁人眼中的人生赢家。

而我，有过各式各样的梦想，想过开咖啡馆、开花店、做图书管理员，游遍全球。但现在，我还是个小职员，连早睡早起、断舍离、不刷手机这样的小事情，依然没有做好。

为什么你听过这么多道理，依然过不好这一生？杨绛说，你的问题主要在于读书不多而想得太多。摩西奶奶说，许多人不是不知道自己要做什么，而是知道了，却什么都没能去做。

归根到底，什么时机、运气、理想、规划，想明白了一万遍，也不如动手做一点点。

{ 梦想不会抛弃你，只有你抛弃梦想 }

青春宛如一轮新月，有缺憾和不满。但脚下的路，无论你走与不走，时间这艘航行在人生轨道上的巨轮，并没有因为你此时的娇弱而放慢前行的速度。

每个人曾经都有各式各样的梦想，总是在时间匆匆流逝以后，用回忆来缅怀过去，悔恨将来。但你可否想过，曾经的"少壮不努力，老大徒伤悲"，在人生没有结束之前，当下的你和前一秒相比都可以称之为少壮。永远保持一颗年轻、追梦的心，那么就不会有老大徒伤悲了。

梦想和目标永远不会抛弃任何一个人，只有自己抛弃梦想。

美梦成真来源于努力和自信，生活中每个人都会碰到一个令自己羡慕不已的人，有的因为他身上有闪光的才华和事业；有的是因为他的外貌或身材；还有的是因为他的爱情、友情和亲情。在羡慕别人的时候，有没有人反思过自己，为什么他有的自己却没有。如果是因为才华，那么，才华是从哪里而来，或许是在你拥有惬意美好的童年的时候，而他却在拼命地努力着去学习你现在所羡慕的东西；如果是因为事业，你没有看到，在你和朋友吃着火锅唱着歌的时候，他却在拼命地加班加点；如果是因为样貌和身材，在当今的社会条件下你完全可以花时间去改变；如果是因为爱情和亲情，用心和时间灌溉，你命中本该属于你的缘分就会出现。就如同高峰只对攀登它而不是仰望它的人来说才有真正意义。

谈及梦想，每个人总是有千万般的理由。工作太忙、年龄太大、时间已晚。。。世界上最容易的事情中，拖延时间最不费力。什么叫晚？60岁开始学习芭蕾的奶奶晚不晚？50岁开始考大学的爷爷晚不晚？胜利永远不会主动向我们走来，或许随着时间的推移，梦想变得越来越模糊，最后只剩下嘴上还记着，心里早已起不了任何涟漪，久不能实现的愿望就转变成了梦想。

真正懂得梦想的人都知道，梦想不抛弃苦心追求的人，在我们生命还没有终止之前，都不能称之为晚，新闻上报道过，26岁开始学舞蹈，成为一名优秀的舞蹈演员；40岁痴迷于戏曲，50岁成为一名专业戏曲演员；30岁才开始努力工作，成为一名上市公司的总监；甚至有16岁辍学，在22岁通过自学考入大学；成功不是将来才有的，也不是在过去的时间里来不及做的，而是从决定去做的那一刻起，持续积累而成的。

尝试着开始，尝试着突破自己，就会有实现梦想的可能。少年时来不及做的事情，青年开始并不晚；青年时来不及做的事情，中年做还来得及；中年没有勇气去实现的，现在做依然不晚。

追求梦想需要勇气，无论你从什么时候开始，只要你肯花时间去尝试，万一梦想实现了呢！

生活总有一个规律，一个不变的磁场。想逃避总有借口，想成功总有方法。当你走到一个高高的门槛前，感觉无法跨越的时候，上天总是神奇地在另一边为你打开一扇窗，让你接近梦想。

这个社会或许不公平，但不用抱怨命运，因为没有用，人总是在反省中找到新的起点。没有创造的生活，只能算是活着。

甩掉你的包袱，丢掉你的借口，挤出一些时间，从现在开始行动，你现在所努力的，在不久的将来就会变成让别人羡慕的砝码。

不要把梦想带进坟墓，到那时就真的晚了。老虎不发威，它就是一只病猫！发威了它就是王者！所以人人都可以是王者，同时也可以是病猫，关键看你自己的选择！所以性格决定命运，选择改变人生。

带着自律，奔赴你的梦

[1]

念大学以后，每天让我坚持早起的就是上专业课的时候，只要有课，我每天早上七点钟准时起床，就像高中的时候每天早上六点半都要准时起床一般。

但是到了周末假期或者没有课的时候，我就再也没有一点动力坚持早起，高中的时候坚持早起是因为要去早读，不去早读就会被扣操行分，到了大学坚持早起是因为专业课上教授会点名，被点名了会被扣学分。

一直以来，我都觉得没有什么，似乎印象里的"休息日"就该是拿来休息的观念没什么改变，睡觉、聊天、发呆或者看电影，反正怎么轻松怎么来。直到大四这一年，我终于没有了所谓的专业课需要上，剩下的事情除了准备毕业论文就是准备参加工作考试以外，我发现每一天似乎都成了以往的"休息日"。

这一年，不管是平时还是周末还是放假全部都成了一样的"休息日"，似乎每天不管你怎么闲、怎么玩，也没有人会约束着你要做什么？

但现实的残酷，让你不得不对自己好好约束管理一番，不得不让你为了拥有一份体面的工作奋斗一番。

[2]

像我之前报考的国考岗位，一个岗位只要一个人，但报考同一个岗位的却有两三百人，稍微好一点就是一百多人，它意味着你要和几百个人竞争和几百个人争一碗饭吃。我一直都以为，那是在与别人竞争，所有和你报考同一个岗位的那些人，就算你不知道他是谁，但他们都是你的敌人。

直到从我决定要好好准备参加省考公务员的那一刻开始，我才发现，其实没有一个人是你的敌人你也不需要和别人争什么，因为你最大的敌人就是你自己，你最大的竞争的对手也是你自己。这完全就是一场你自己和自己的战斗，它从未如此深刻而又百感交集过。

每一天，除了和真题战斗，你还要和自己的内心战斗，和自己的懒惰战斗。我第一次感觉到，备考的过程就像一场没有硝烟和自己的战争，你稍微松懈一点，你就很可能与胜利失之交臂。

之所以让我有如此深的感受，是因为第一次，我开始明白了"努力去争取自己想要的东西"是什么样的感觉。这一份努力，不仅仅是你的努力，还掺杂着太多家人的期待，朋友的期待。我们不想辜负他们的期待，也不想辜负自己的期待。

[3]

这一年，我的时间变得紧迫而珍贵，每一天似乎都过得飞快，我总感觉有太多想要的事，计划做的事都来不及做，时间就在我的指尖悄悄溜走。一向骄傲任性，我行我素的我在这一年第一次没有违背父母的意愿，没有与顺应的趋势做反抗。

以前的我就像一只刺猬，紧紧把自己包裹起来，害怕别人知道点我什么，时不时地叛逆一下，觉得那是在"活出自我"，现在才知道，那些曾经以为"轰轰烈烈"的青春多么的幼稚。我们每个人都要成长，只是成长的方式不一样，有些人比较温暖，有些人比较疼痛。

在心底潜藏的那个梦想，我们无比渴望地走近它，拥有它。似乎不管你是什么样，为了你的梦想，你都会变得勤奋而坚持起来，那是你第一次，那么想为了实现一样而努力的地去付出。你害怕与它错过，你害怕与它只有一步之遥，所以你从来没有过地认真去奋斗。

我的姑姑告诉我，女孩子一定好好对待自己，特别是自己的胃。刚参加的工作的时候，姑姑每天都有做不完的事情，似乎吃饭都成了浪费时间的事，可是直到一次胃实在受不了了，病了，住了好久的医院去治疗以后才知道，不管你再怎么忙你做的事情再多，你都要好好吃饭。

不要用一包泡面或者吃几块面包草草地打发自己，你的胃只有一个，你不要亏待它，如果你没有时间去买菜做饭那你也要学着给自己煮一碗面条，煮面的时候记得给自己加一个鸡蛋下点蔬菜。

每天让你坚持早起的，除了你要实现你的梦想以外，你还要去过自律的生活。无论是思想上的自律还是生活习惯上的自律。

[4]

我第一次感觉到自律的重要性，是从坚持写作开始的，那是我第一次感觉到为梦想而坚持的美好，它让我第一次明白了，什么是坚持？

大三上学期，是我专业课排得最满、最多的一个学期，每天几乎从早上到晚上都有课，有时候，下午饭都来不及吃，我们又赶着去另外一个校区上课。

但尽管如此，每天晚上坚持两个小时的写作是我雷打不动的，除非我有特别的事或者生病了。坚持了三个月，换来了第一本的书的出版，一本青春小说，完成了自己的一个小小的梦想。自那以后，在写作的道路上一发不可收拾。

一开始，我没有想过要成为一个作家还是要挣多少稿费，那个时候我只是单纯地热爱写作，渴望我的文字能够被更多的读者看到。我的编辑和朋友们评价我的文章都说我的文风很清新，文笔也很美。

从高中开始喜欢青春小说到大学几乎两天一本的电子小说到一周两三本的图书馆借实体书看，但如今的买书收藏和阅读，阅读与写作已经成了我生活中不可或缺的一个习惯。

有人热爱足球，有人沉迷游戏，而我沉迷阅读而已。在我看来，这只是一件很平常的事情，平常到让我可以认识更多同一类型的朋友，有更多的语言可以交流。

当一件事，你从三分钟热度到坚持三个月到后面的成为习惯，到最后成为一种对自己的自律，它已经不再是单纯的自我约束。

[5]

是什么让我们坚持早起的？这个看着简单的问题，在细细的深究下，意味也变得深远。

许是你为了那个追寻的梦想，许是你单纯的喜欢早晨的空气，许是你为了一天不得不做的工作，又或者你是为了克服自己的懒惰让自己过上自律的生活。

  特别是女孩子,你要坚持早睡早起,每天坚持一个小时的阅读,洗完澡的时候记得擦上润肤乳,学会拒绝男孩子的邀请,不要出去玩就夜不归宿,不要看到喜欢的东西就一点都克制不住。

  愿你能够自律的生活也能够奔赴你的梦想。

光有梦想不行，还得有坚持

昨天在车里听广播说新一年的考研大军开始备战了，大学生们排队十小时为了求得一个考研自习室的座位的新闻。我没参加过考研大军，也很少接触到考研的群体，但我想起两个人来，两个曾经跟我同租住在北大门口300元床铺位置的考研女孩。

A是一个农村出来的，胖胖的，大约1.65米高的女孩，黑黑的不施粉黛且有些粗糙的皮肤，笑起来嘿嘿嘿的实诚。认识A的时候，我已经在那个10平方米四张床的小屋子里住了一年，A是我下铺第四个租客。当时她说她要考北大的光华管理学院，那已经是她第四年考光华了。第一次是大三，考上了但因为是大三不能上；第二次是大四，考上了但面试没过；第三次是毕业一年时，差了几分也没面试机会。

第四年是我们认识的那一年。她白天要去上班，晚上和早晨起来就去窄小的客厅里学习。快考试的时候，她问我是否应该跟公司说明自己要考研去请个一个月的假期，但又怕考不上没了工作。虽然这份公司并不很忙，也只是为了维持生计，并不指望赚多少钱，但如果没有这份钱，身为农村孩子的她，没人能接济她。当年我也大四，在凌乱的实习和找工作当中，我也不好帮她下结论，于是很简单地说还是请假吧，考试要紧，第四年了。

我们不很熟，但我也挺替她捏把汗，不知道如果又考不上怎么办？一个人的梦想究竟能被撞击多少次？我记得她考完最后一场回来，躺在床上，一天一夜没起来，全身酸痛，仿佛刚刚打了一场大仗之后的瘫倒。那年，她笔试通过了，我们都很激动。我建议她面试去买套正装，因为那时候我也面试也买了正装，感觉穿上正装整个人都不一样了，也更符合管理学院的感觉嘛。然后A跑去商场买了一件粉红粉红的西装，衬着她黑黝黝的皮肤，我觉得不是很对劲。但那个时候我的衣服她也穿不上，也没法帮到她什么，看她很喜欢那件粉红色的西装，我也就没再说什么。

后来的事情，我就忘记了，可能她是搬走了，或者我搬走了，记不清了。但我记得过了一年左右，她跟我联系上了，那时候她已经是光华的学生，并且已经上了一年了，每天都在热火朝天地做案例分析什么的。我问她学费会不会很高？听说光华没有国家免费？她说要几十万，她借了一部分，剩下的自己打工，争取拿学期末奖学金。我不懂管理学的课程，只能听她说得很高兴、很激动的样子，我想起那件粉红色的西装，和她黑黑的皮肤，心里有说不出的感动。这条路，她走了四年，终于走到了自己想去的地方。

B女孩从西北来，长得很漂亮，小巧，巴掌脸，也是黑黑的，有点像邻家小妹妹。她要考北大的生物系，我们认识的时候，是她第二年考试。她住在我对面的床铺，我们都在上铺，相比正常上课而不用早起也不用复习到深夜的我来讲，我经常会看到B举着手电筒在被窝里学习的样子。据B介绍，她父母都是普通的工人，老实善良，家里还有一个年纪很小的弟弟。如果今年考不上，估计家里就供不起了。

其实她本科的学校已经给她推荐到上海的一家顶级学府，但是她就是想上北大，因此铆着劲儿要考，因此全家人都不支持她，学校老师更是非常生气。可是，放弃了另一所很好的学校，她自己也不知道能不能考上，因此压力很大很大，大到经常就哭了起来。我也不知道该怎么劝她，毕竟我不考研，体会不了，只能说些冠冕堂皇的话聊表安慰。当时她找了很多已经考上的师哥师姐去取经什么的，但收效甚微。同样，我忘记了后来，我就记得她喜欢看电影，总是哭，但后面不记得了。三年以后的某一天，我突然收到一个飞信号码加我，是她。那时候的她，马上要从北大化学系毕业了，问我一些找工作的经验什么的。原来，我忘记后来的那一年，她考上了，进入了自己梦想中的学校。

我给G先生讲了A和B的故事，G先生很沉默，作为考研女孩本身就很辛苦，而作为农村女孩或者家里还有个弟弟而家境一般的女孩来讲，压力会更加大。我并不知道她们现在怎样了，考上了心仪的学校之后，她们又会有怎样的梦想，今天在哪里，过得怎么样。她们可能只是千千万万考研大军中十分普通的两个人，可能在你看来并不是榜样，也谈不上励志。但我只是想到，工作很多年的自己，以及千千万万离开学校进入社会的人们，还有多少，能像当年一样，为了某一个目标去拼尽全力？现在，我们讨论的都是：如何战胜拖延症？如何快速提高英语？如何让老板喜欢我？如何快速提高写作能力？我们做什么都想要速战速决，两周看不到成效就觉得世界对我不公，或者一定是方法不对，想要去寻找更加便捷的方法，来安慰自己浮躁的心。

一定会有很多人跳出来说，考研有什么了不起，考四年值得吗？人生还有好多事可以做，上个研究生出来还不一样是苦逼打工仔，赚钱还没有个体户多，研究生毕业一样当Loser云云。但如果一个人能为一个单纯的梦想努力很多年，而这个梦想一年只有一次去实现的机会，并且这个机会也同样会因为很多不可抗力而失败，但却依然矢志不渝，这本身就是一件值得去敬佩的事情，也同样是我们在慢慢丢失的能力与精神。这样的人，无论在任何时候，任何环境下，都不会差。

其实我们每个人都不缺梦想，特别在这个梦想都快被说烂了的年代，我们所缺的，仅仅是为梦想矢志不渝的精神，哪怕是一点点所谓的坚持，都显得弥足珍贵。而这一切，可能我们都曾在年少时光拥有过，但却随时光的流离消逝在成长的激流勇进中。不是每一个梦想都能实现，但每一个梦想都值得被尊重和敬仰。不是每一个梦想都能坚持，但每一个能坚持下来的人都是自己的人生赢家。

{ 追梦的人最有魅力 }

长这么大，有几种人是打心底喜欢的，贪欲面前坐怀不乱的，误解面前风轻云淡的，还有，梦想面前花枝乱颤的。

这种花枝乱颤，还会因为日有所思理直气壮地变成夜有所梦。"（1）我醒了过来。（2）我发现我的银行账户变成了9位数。（3）我发现我暗恋多年的女神居然也喜欢我。（4）那家学霸才子们挤破脑袋都进不去的投行向我伸出了橄榄枝。"可惜的是，你们做梦都想变顺序的事儿，改变不了它依旧是铁打的倒序的事实。

于是，难免在一个月凉如水的夜晚抱怨一句，原来世界是这样的。原来在梦想面前失望，就像到点了吃饭和八小时睡眠一样，是世界的主旋律。其实世界一直都是这样的，其实大多数时候命运都不会沿着鸡汤文的走向。只不过，为了证明你与一条咸鱼的区别，你的脑子里依旧不依不饶地装着那个叫作梦想的东西。

梦想，到底是个什么东西呢？

从它一出生，就带着光耀门楣的使命，总是在一个繁星满天的夜晚被反复提起，为了它人们热泪盈眶心潮澎湃握紧拳头说要去走千里路。追它的人用各种方式，浪漫的人会把它编成锁频密码，严肃的人会用它来悬梁刺股。

它的实际尺寸捉摸不定。可以大到是哈佛才子硅谷新贵的纵横天地，也可以小到每年资助山区的一个穷孩子就是你夙兴夜寐闻鸡起舞的全部动力。

它的内容极其个性。你真正挖出你心底的它的真面目时，你会懂得这个"梦想"不是你爸妈口中的名校毕业后出了几本书，不是你同学口中的谁又财务自由了谁又上了福布斯，不是你同事口中的吃着火锅唱着歌，老婆孩子热炕头，亦不是马云用半辈子的励精图治换来的全世界的炯炯瞩目。它是你的砒霜，却是他的蜜糖。

它的功效因人而异。有时是补血剂，亦是暖心药。有时给了你欲罢不能的多巴胺，再甩你一个结实而冰冷的耳光。

即便这样，它依旧是所向披靡的大众情人。如果你是一个刚跨入象牙塔的翩翩少年，你不可能没有梦想，漂亮的试卷百里挑一的实习和那个姑娘颠倒众生的回眸一笑，都是你的午夜梦回。如果你是一个刚进入职场的有为青年，你不可能没有梦想，无论是入世的高升还是出世的流浪，都是你的红玫瑰与白玫瑰。如果你是一个有老有小的中年大叔，你也不可能没有梦想，不过是脸上的故作通透掩盖了内心的蠢蠢欲动，或是翻江倒海。

最开始，梦想总是以最好看的模样捕获你，无一例外。

我站在陆家嘴的十字街口。霓虹闪烁，喇叭轰鸣，梦想泛滥。

这里努力奔波的年轻人们，从70后到90后不等。他们从四面八方赶来，大多走了很远的路来到这里，望着仰起头还看不到顶的摩天大楼，然后摸了摸胸口，发现那颗怀揣着梦想的初心还怦怦地鲜活直跳。

那个编了6年程序的工科男一直梦想着转行来到这里，踏踏实实从分析师做起，然后到执掌投资的基金经理。而那个没日没夜在小格子间被财务报表折磨的文科女，一直梦想着攒够了人生第一桶金，就飞跃重洋开始学习她从小挚爱的油画。

那个混得风生水起的投行男，一直梦想着能遇见内心澄澈的姑娘，却总是被现实中带着强烈目的走近他的女孩伤透了脑筋。而那个飞遍世界的咨询女,面对无数钻石王老五的追求,却依旧没有从他们塞满事业与金钱的脑袋里找到契合二字。

连那个常常在烈日下吊在半空带着橙色安全帽的建筑工人,擦着汤臣一品外墙的玻璃时,都会有那么一瞬间幻想在这个挥金如土的地方有一个自己的小窝。

还有,无数你看得见或者看不见的芸芸长尾众生,放佛阳光下的灰尘,洋洋洒洒。却不妨碍东山再起与草根逆袭的梦想,让他们依旧看起来生动饱满且泛着金色的光芒。

这里像极了一片深邃不见底的大海。各种或彪悍或弱小的鱼儿,看似在自己的红海里忙碌,却装着另一颗盛满蓝海的心。

外面的人想进来,里面的人想出去,好像是一场我们这一代人的集体危机。其实,这和这山望着那山高并无多大关系,无非是走过年轻的浮躁之后,越来越明白妥帖照顾内心所需才是人生最珍贵的责任。看似坐拥无敌财富的他,却只梦想着一场以真心换真心的罗曼史。看似经历人生所有曼妙的她,其实只希望拥有一颗淡定而从容的心。看似渺小且不起眼的他,其实心里却装着整个世界。

可是,难的是,若干年后,有多少人真正地冲出围城头也不回地踏上寻梦征程,又有多少人被眼前安逸的暖风熏得浑浑噩噩,然后在一个繁星满天的夜晚故作满足地说,梦想不过是骗骗毛头小伙子的。

到后来,执行力才是分水岭。

那天打开朋友圈,传来了又一位师兄辞职创业的消息。他在对朋友的感恩信里写到,毕业十年,是从华尔街投行到中资券商再到合资券商,是从香港到纽约到北京到深圳再到香港的轮回。他初到香港时,遭遇香港金融危机。事业起步之初,也缺枪少弹,一人身兼销售、研究、投资、交易,事无巨细样样来。内忧外患下，他无数次深夜独自徘徊在维港海边。但唯有咬紧牙关，打落牙齿和血吞的孤勇，杀出一条血路。而现在，他把过去的辉煌全部清零，重新再来。十年江湖沉浮，但人生已经没有下一个十年可以再挥霍。

而我记得，在十年前，曾是北大风云人物的他，同样咬紧牙关，杀出一条血路，终于获得华尔街某投行的青睐，得到了国内学子从未曾得到过的头衔。

我也是在十年前，就读到他惊心动魄的故事看到了他熊熊燃烧的梦想。在十年后，他为了拓展生命的厚度，为了另一片难以舍弃的蓝海，再次放弃打下的江山，出海远征。

不可否认，他一定也曾遭遇过质疑和反面的声音。可是，找到自己真正喜欢做的事情，就和找到你的真爱一样，是多么重要。那些背地里讲你坏话说长道短的人，无论是噼里啪啦的唾沫乱飞，还是心有不甘的阴阳怪气，都丝毫影响不了你波澜壮阔的人生。

那种为真爱奋斗的幸福感，是那些认命再顺便质疑你的人，一辈子都不可能得到的体验。

而真正决定了去追逐的人，也一定明白，博取世界一个中庸的笑眼盈盈，远不如一个瞠目结舌的暗赞。

可是你会说，代价好大。

可是你要问我，为了不浪费所学之长继续做一个秉承专业勤恳编程的工科男，为了高薪与光环继续做一个每日在格子间享受财报洗礼的文科女，为了世俗的体面缴械投降找一个没太多感情的姑娘解闷，或是为了一句干得好不如嫁得好与一个油头粉面的钻石王老五牵手爱琴海，还是，优雅地转身，剥离掉虚荣心、迎合感、表演欲露出一点赤胆忠心并好好爱它照顾它让它发扬光大，我毫不犹豫会选后者。

人一辈子或许会遇到若干个你爱的人，若干次"别人眼里"的诱惑，可是也就遇到这么一个叫作梦想的东西。明明想要却不去努力，没有执行力，压抑自己的念想，不过是掩盖自己的无能，即放不下这边的岁月静好，又承受不了那边孤独的痛苦与安稳的抽离。所以不要问，为什么抱怨的人那么多获得幸福的人那么少，因为真正的勇士，也就是那么一小拨人。

而最后，追寻梦想的结果无非是两种：你到了终点，或者，你落在了半路。

到了终点的你，怎样挥舞着彩旗怎样歇斯底里地喊叫都不为过，洒了那么多血泪矫情一下又如何。别人最多看到了你的辉煌，却永远明白不了你的涅槃。

落在半路的你，远远望着梦想，却也终于在时光的辗转里面目从容，莞尔一笑。因为打从你满心虔诚走在这条霞光万丈的征途上开始，你会发现你做了好多功课，忍受了好多寂寞，也积聚了好多力量。这些都会成为你日后的台阶，你周身的铠甲，让你走得更远，同时百毒不侵。不是每个人都有运气手握王炸，结果是除了靠天赋靠努力还靠运气，但过程却是实打实的收获。只有你自己知道，没有一条自我灵魂的朝圣之路会白走。

也只有你自己知道，落在半路的你，也好过你把自己的梦想落在了半路。人生最大的痛苦，不是失败，而是我原本可以。

和所有恋爱一样，到终点的多半是难的，落在半路的才是人生。但还是要去试，去努力，去感恩失败，去体验那个完整的，有意义的，不愿将就的，值得期待的，"自己"的人生。人生很长啊，长到你真的至少可以好好心存一个梦想慢慢去规划着实现；人生也好短啊，短到你如果没有做自己真正爱的事儿一定是会后悔的，没心没肺的除外。

想想小时候，你觉得最浪漫的事，不就是你一个人翻山越岭，不畏豺狼，去看山那头你最魂牵梦萦的姑娘吗？

过了十几年以后，你还是你，姑娘换成了你的梦想，你跑了很远很远的路来到这里。即便它没有立刻以一个最温暖的拥抱等着你，却不妨碍这份浪漫，在时间的发酵里，既注解了你勇敢追逐的人生，又给了你永远"有盼头"的幸福。

宁愿相顾莞然，不愿曾经沧海。

那么，再容我语重心长地讲一句，永远要感谢那些让你再次披甲上阵的梦想。是它们，引诱你，也召唤你，成为这个寂寞天地里最珍贵也最独一无二的自己。

第四章

别让大脑石化，多想想你的未来

{ 少偷一点懒，多坚持一下，时间会给你想要的 }

[1]

最近单位在搞各项突击检查，大家都忙得手忙脚乱的，因为很多备案没有按时记录，现在要补上去，反而要花更多时间去回忆，还要花精力翻资料。

当然，我也是其中的一员，虽然刚毕业那会的我工作起来每天都像打了鸡血一样，今日事今日毕，但几年磨下来，还是慢慢偷起了懒。这不，关键时候就被自己坑了。

不知你是否也有这样的体验，看着朋友圈里别人在晒写得工整漂亮的小楷，下面的评论一片赞誉。

关键是连心仪许久的男神都对她赞不绝口，突然就有一种羡慕嫉妒之情涌上心头，继而慢慢变为阵阵悔意。

回想自己小时候不是也练过好几年的书法吗，后来练着练着怎么就放弃了呢，不然现在能和男神互动的就是自己了。

还有就是"减肥"这个老大难的问题，虽然微信公众号里关注了N多健身教程，健身卡也办了一年多了，呼啦圈、哑铃等等配套器材都快买全了，然而从去年开始嚷着要减肥的我依然还在微胖界徘徊。

每一次看别人变瘦了，变美了，受了刺激，都会信誓旦旦要把身上的肥肉都减掉，但多是三天打鱼两天晒网，原因比如天气不好不去健身了；

上班太累了给自己放一天假；难得爸爸烧了我爱吃的菜，今晚多吃一碗吧……像这样的理由层出不穷，其实都是自己在给偷懒找借口。

因为偷懒而悔不当初的事太多了，以至于现在的我深深地觉得，现在偷的每一个懒，都可能是给自己未来挖的一个坑。

因为每一份努力都是实实在在会让你变得更好的存在，不仅影响你的当下还有你的未来。

但偷懒其实是提前预支了本不该属于自己的舒适，在未来你需要某个技能某种能力帮自己渡过难关时，却发现自己早在过去的某一天亲手扼杀了它。

[2]

俗话说，人都是有惰性的，偷懒确实能给我们带来满足感。那偷懒是一种什么心态呢？

（1）长时间紧绷，突然想放松，但又克制力不够。

偷懒的反面是坚持，坚持总是不易的，需要咬紧牙关。

长时间的坚持，累是肯定的，需要稍作休息也没什么不对，关键是绷紧的弦一旦放松久了，再想绷紧它就比较困难了。

需要我们有强大的克制力走出舒适区，重新起航，但往往是克制力不够，这就导致休息了一天还想再休息一天，之前的目标和信念都被放松的满足感抛之脑后了。

（2）还有一种就是侥幸心理。

觉得一次两次偷点小懒没什么大问题，可是俗话说，不积跬步无以至千里，量变终有一天会达成质变的。

像这种心态可能一开始就没有下多大的决心，抱着试一试的态度，由于自己都不够重视，中途开点小差也是很正常的。

不知不觉，即使最后把时间熬完了，效果却差得十万八千里，因为自己到底还是偷懒了，实际上也并没有100%地完成计划，而到那一天再感叹，却为时已晚。

（3）压根就没有开始。

现代社会，作为年轻人我们要学的东西很多，压力也着实不小。

很多时候我们在决定一件事要不要做的时候，过多地要求它必须给我们带来些什么，对于一些看起来不痛不痒的事情，就提不起多大兴趣。

比如上班族周末报个英语班去充充电，你会觉得我最近又不用考什么英语类的证书，单位也没有相关的要求，干吗花大把金钱和时间去学那个。

还不如在家睡个懒觉，约朋友逛逛街，或者追个剧也是可以的。

像这种连开始的第一步都没有跨出的，其实就是个"大懒"，之前两种起码多多少少都做了一些。

只要做了都有收获，而思想上偷懒导致行动上直接放弃的，则什么也得不到，除了日后某一天幡然悔悟时的深深叹息。

[3]

蔡康永说过：15岁觉得游泳难，放弃游泳，到18岁遇到一个你喜欢的人约你去游泳，你只好说"我不会耶"。18岁觉得英文难，放弃英文，28岁出现一个很棒但要会英文的工作，你只好说"我不会耶"。

这段话真实而深刻，的确是这样，生活中有很多机会都是因为之前偷懒的自己而错失了。

有很多美景也会因为自己的一时偷懒而一再错过，有多少人都是把"说走就走"的口号挂在嘴边，而最终的没去成除了时间上排不开，我想和偷懒也有不少关系。

我有个朋友A，每次聊天时候都会说她想去哪玩，哪哪可好玩了，我说那你赶紧趁现在有假去啊，过了一段时间，她又和我说起这事，我就问她，都说了快一年了，你到底打算什么时候去？

一改前一秒的眉飞色舞，她立刻又忧虑起来，向我抱怨道：你不知道，出国好麻烦的，又要办护照，又要办签证，还要准备攻略，想想就很烦神啊！

要是能有人帮我打点好一切，只要拎起行李出发就好了！好吧，我在心里默叹，其实你还是想偷懒，估计我明年问她还是没去成。

我们在开始做一件事情的时候，总会过多地去考虑这件事有没有用，是否迫在眉睫，如果明显是当下不做不行的，自然是完成得好好的。

如果短期内看不到它的用处，偷懒的念头就会爬上心头，于是乎，懒惰小人妥妥地打败了勤奋小人。

但问题是，人的前半场往往都是在为后半场埋伏笔，今天偷了懒，就别怪明天自己会摔跤。

有时候，看似傻乎乎坚持的人反而更容易成功，因为他只要开始了就会一往直前，心无旁骛，而不是左顾右盼，算计着是否值得而萌生偷懒的念头。

很多人在结果揭晓的那一刻，总会愤愤不平，为什么不是我？

抑或是感慨，早知道我就……早知道？千金难买早知道，万金难买后悔药。

印象最深刻的一件事，同单位与我年龄相仿的一位小伙伴，工作没多久就高升了，大家都十分羡慕。

后来偶然听和他一起的同事说起来才知道，人家一直在锲而不舍地，勤勤恳恳地做着单位通讯员的工作，就是要长期、频繁地写稿子。

我努力回忆，之前确实看到过单位面向所有员工征稿的通知，当时虽然有心动，但一想到要写那么多文章，转念一退缩，就没有再继续了。

而那些没有被写文章占用的时间，想来也没有被发挥更好的用处，不是在刷微博中流逝了，就是在聊天中消耗了。

如今看到别人因为坚持努力而有了更好的发展，我除了后悔、懊恼也别无其他。

但也就是在这件事之后，我开始反思，之后的路还很长，我不想再因为一时的偷懒错过宝贵的机会。

再遇到类似的情况，一定要努力说服自己，尝试一下，然后坚持下去，也许有一天我会感激当初那个拼命的自己。

还记得爸爸在我上学那会，一直会拿自己的不努力来告诫我：

想当初，爸爸就是贪玩啊，读完高中可以直接分配工作了，就偷懒不看书考试了，还是后悔没有继续读下去啊……

虽说是赤裸裸地为了激励我好好学习，但经过岁月的洗礼，看得出来爸爸的懊悔之意还是有的。

时间是最公平的，与谁而言，一天都是24小时，选择偷懒蜷缩在舒适区，还是勤奋耕耘挥洒汗水，主动权在我们自己。

自己的人生只有自己去承受，有些事情早晚都是自己做，有些苦早晚要吃，那还不如在恰当的时段，趁着年富力强，先苦后甜。

[4]

路是自己为自己铺的，坑也是自己给自己挖的。你在偷懒的时候，别人都在努力地给自己铺路，一刻也不停歇。

也许你还会嘲笑满头大汗的别人：嘿，兄弟，这么拼命干吗呢，休息一下吧。殊不知，未来不远处已经有一个大坑在等着了。

年轻时候是人生的储备期，就好像是四季里的春天，本就是该播种的季节，你却因为贪玩错过了，那春去秋来，等别人在秋天收获时，你又能收获些什么呢？

总有长辈和我说，年轻时候吃点苦，刚工作那会还不太明白，总觉得这是长辈的套话。

久而久之，被自己坑的次数多了，渐渐也领会了其中的要义。没有什么路是白走的，没有什么事情是白做的，很多看似没什么用的事情，其实都是成长的基石。

花有重开日，人无再少年，如果不想坐在坑里哭，感叹时运不济，那年轻时候就少偷一点懒，多坚持一下，时间会给你想要的。

现在偷的每一个懒都可能是给自己未来挖的一个坑。

{ 选择没有错误，错误的是没有为选择做出努力 }

最近迷上了央视的一档综艺，叫《了不起的挑战》。

几位嘉宾在每次节目中都要面临各种不同的选择，根据自己的选择去挑战不同的工作，每次选择的结果都未知而刺激。

运气好，可能这一天就吃大餐，品美酒，享受各种高档服务，轻松地就过了。运气不好，就要去下煤矿、当"棒棒"、去悬崖上捡垃圾……

央视爸爸的节目从来不缺鸡汤，这锅鸡汤熬得尤其到位。

我们不知道眼前的这条路会给我们带来一个什么样的人生。我们会很谨慎，怕一失足成千古恨。

问了爸妈，可是爸妈希望的，不是我喜欢的。

再问问自己，到底想要什么，好像并没有那么清晰明白。

和朋友讨论，要不要跟跟风，去做大家都认为对的事，总不会错。可是不能跟从内心的想法，终究还是不甘心。

更残酷的是，选择也有层次高低之分。当我们处在选择的弱势方，面对的选项会少之又少，由于各种条件的差距，好的选择又与我无缘。

就好像，别人家的孩子都在北大清华之间犹豫，我还在担忧会不会在这所985高校里面被调剂专业。毕业后有的同学选择出国深造，有的早早进入四大、BAT成为职场精英，而我还在因为尴尬的学分绩点保送不了研究生，简历不够出众去不了大企业，在做一条考研狗还是随便进家小企业谋生的选择中苦苦挣扎。

和别人一对比，我们的选择往往会带来挫败感。

可是我们为什么要担忧呢？

所有人都知道，在一个二流学校的三流专业不能阻止我们变得更优秀，选择做考研狗也可以考得很成功，从一个小职员做起也可以闯出一片天。

当这些烂俗的鸡汤真真切切在别人身上变为现实的时候，我们还在因为自己没有更好的选择机会去沮丧，去颓唐。

我们更应该问自己的是：

选择了一个别人都不看好的专业之后，我是不是能够在这个专业领域潜心修炼做到优秀？

选择了考研之后，我是不是真的能够做到比别人更耐住寂寞、更坚持不懈？

选择了一家小企业之后，我是不是能够做到不丧失斗志，不得过且过？

所以，我们最害怕的并不是面临选择时带来的焦虑和不安，也不是害怕别人有比我更好的选择。而是害怕自己在做出这个选择之后不肯付出足够的努力，过不好自己选择的生活，成为不了自己理想的样子。

任何选择，都只决定了我们在某个阶段的起点，而我们在做出选择之后付诸了怎样的行动，决定了我们所能到达的终点。

要记住，再牛的地方也拯救不了一个懒惰的傻冒，再low的地方也能成就自己的成功。

《了不起的挑战》中，要是嘉宾不幸地选择了一个辛苦的工作，总要遭遇到各种苦不堪言的困难，在悬崖捡垃圾的时候遭遇大雨，在地下煤矿挖煤时累到精神崩溃……有的人会放弃挑战，更多的人选择一直坚持。

人的一生就是不断地在做不同的选择，选择的过程都是忐忑的，结果都是未知的。这就是选择,这就是生活,没有办法,你不得不选,但是你能把你选择的生活过成什么样,完全取决于你。

希望10年后,回想起当初选择的一切,我能够问心无愧的说:嗯,没错,这就是我的选择。

在安静中，
不慌不忙地坚强和努力

"我们终会遇见想要的未来。"有很长一段时间，我虽然并不知道这个"未来"是什么状态，无法把它具象化，但只要梦想不抛弃我，我就不会先背弃它。

只是，在与梦想同行的途中，总会遇见这样一段时光，逼仄黑暗，孤独无依，你停下来想要靠一靠，歇一歇，释放心中的疲惫。这一刻，你会无助，你会茫然，像个走迷宫的孩子，完全不知道下一个出口在哪里，可你还要提着一口气站起来、走下去。你明白，如果这一刻放弃了，也许就再也遇不到那个想象中的未来了。

2012年，大三暑假，我一个人住在北京的地下室里，窄小的房间仅仅容得下一张床。一个趔趄，就能栽倒在床上。刚入住的时候，各种不适应，却还是自我打趣，看，多好，进门就可以睡觉了。闷热的夏天，空气却是湿漉漉的，要滴出水来，洗过的衣服，无处晾晒，只能搁在阴凉的空气里。

为了能够挣到下一季度的生活费，我在南锣鼓巷的一家冷饮店里打工。20出头的女孩子，有着五彩斑斓的愿景，即便日日都要站立十几个小时，时常加班到零点，也不觉得累，一味地沉浸在京城的新鲜气儿里。有老外来买东西，我会积极地用不太熟练的口语跟他们打招呼，还喜滋滋地想，学了这么多年的哑巴英语，终于可以发声了。

这一切都令我欣喜。然而，这欣喜太过短暂，仅仅持续了一个星期。高强度的工作让我变成了霜打的茄子,日复一日地重复着机械而琐碎的动作,令人心生烦躁。正赶上北京的雨季,我就站在柜台后面,看着雨丝打过老槐树的叶子,扑簌簌地落了一地,很文艺地想起古诗里的句子"落花人独立,微雨燕双飞"。会想起日间那些摇着蒲扇在胡同里行走的人,他们悠闲的姿态中,没有旅人的匆忙和新奇,有的只是对这个城市的熟悉和释然。我看着他们,试图窥到那一丝丝的归属感。

可是,归属感是他们的。我有的,只是做不完的工作。我感到浓浓的倦意,在日记本上写下归家的日期,一天天掰着指头数日子。就在那样的境况下,我遇到了L姐姐,她比我晚两周应聘到这家冷饮店,做的是兼职。她工作上手很快,而且动作迅速麻利,只是整个人经常显出精气神不足的样子,偶尔有个小间隙,都会闭上眼睛歇息。后来,我才知道,她每天要做三份工作,早晨四点钟起来送报纸,上午在超市收银,下午在冷饮店站岗,每一份工作都收入微薄,但每一份工作都做得极其认真。

用她的话说,这是赖以生存的命脉,怎能不认真对待呢?

我问她,为啥要这么辛苦?

她微微地笑了,趁年轻,多挣点钱,给孩子攒点上学的费用,以后干不动了,就回老家。提起孩子的时候,她的眼睛里满是柔情,那是一个母亲特有的情愫。

那一晚,恰逢大雨,L姐姐下早班,骑电动车回去,没有带雨具,我把雨伞借给她。她笑着推过,说拿着不方便,说罢起身从仓库里找了两个黑色的大塑料袋,包裹在身上,整个人像个黑色的大粽子,只露出一双忽闪忽闪的眼睛,冲着我笑。

我也笑了,却在她的背影没入雨中的那一刻,心底尘土飞扬。偌大的北京,承载了无数人的梦想,L姐姐是其中一个,他们在底层挣扎,在通往梦想的路上栉风沐雨，却从未放弃过快乐。

那天下晚班的时候，路过地铁口，我站在那个弹吉他的少年旁边，默默地听完了那首《把悲伤留给自己》，而后对着少年微笑，看着他扬起的脸。

他有他的音乐梦，我也有我的梦。这些年来，我一直做着文字梦，在别人眼里，仿佛是异想天开，甚至连亲人也不理解，用苛责的话语给我施压，不要做白日梦了，又没有什么阅历，能写出什么来？周遭也有人用或嘲讽或奇特的眼光看着我，嚯，看不出来，还是个小才女呢！

那种明明是夸赞的词汇，却不带鼓励的情绪最能刺激人。

我一个人默默地泡在图书馆里，躲在角落里看书，阳光打在书页上的景致最美，白纸黑字的气味最好闻，阅读使我感到快乐。我慢慢地感受到自己存在的价值，把那些凌乱的思绪记录下来。看着文字在本上跳动的节奏，那么轻盈灵动，好像一刹那就能繁花开遍。后来，这些文字散落在网络的各个区域，它们有了读者，有了归途——我也在它们的归途里感到快乐。

承受的磨难那么多，经受的失败那么惨烈，当它们一点点地铺展在面前的时候，你会看到行程的颠沛、前途的渺茫。可还是要一步一个脚印地走下去，哪怕你等不到破茧成蝶的那一天，因为你如果不去努力做一个茧，就注定没有成为蝶的机会。

曾经看到郭斯特的一个漫画，《别忘了，你也是会发光的》。我告诫自己，不会忘，即便这光很微弱。这些年来，喊过苦，叫过累，却始终没有停下脚步，为了心中那份对文字的希冀，跌跌撞撞地走了这么久，还要不遗余力地走下去。

没有谁生来就是十全十美的，更没有谁生来就能掌控自己的人生使其顺遂无流离。我们只能做人生的行客，慢慢地摸索，给自己找到坐标，然后坚持走下去。

引用林徽因的话就是，温柔要有，但不是妥协，我们要在安静中，不慌不忙地坚强。

梦想在你心里，在你背上，在你脚下，但总有一天会和你融为一体，任你成为它的主宰，而你要做的，只是用心带着它。

说不定哪一天，你的路途中就会亮起灯光，照清你奔跑的脚步，而你也会遇见想要的未来。

过好当下是对未来最大的尊重

1994年出生的小七姑娘，去年毕业，在我们公司物业客服部工作。她长相温婉，是个聪明又灵气的姑娘。很得上司赏识，所以一年时间就被提拔为客服部主管。

主要工作内容就是管理培训售楼中心服务员的待客礼仪。

我俩工作接触较多，她笑起来像一朵盛开的白兰花，明媚温煦。我们营销部的男青年们都喜欢跟她聊天。

上周周末我值班，在茶水间里遇到小七啦，她没有像往日一样笑脸相迎地叫我猫姐，一个人阴沉着脸在角落里泡咖啡。

我走上前去，看到她眼角依稀有泪痕。我轻拍了她的肩膀问怎么啦？

她说，关于工作的事情，最近想很多，很纠结。晚上睡不好觉，提不起精神工作，只能下午一杯一杯地喝咖啡来提神。

我说，工作嘛，就是为了更好地生活，开心就好。

哎，对啦，猫姐，你说我可以做营销策划吗？做策划都需要什么技能啊？我感觉做策划比较好，技术含量高，发展前景广阔。

我看着她无辜的大眼睛，笑了笑说，每个职业都有自己的特点，而营销策划考验的是综合能力。

不过你这么年轻，还这么聪明。当然可以做策划工作。然后我跟她讲了策划工作的基础内容。

小七认真仔细地听着，听完后，说，我感觉好难啊，而我什么都不会，我真的能做吗？

大家都是从无到有，慢慢来呗，我说。

小七跟我透露了她近期萦绕在心头的苦。

她最近一直在考虑，自己未来做什么职业，到底哪个职业更适合自己，大家都说，选对行业非常重要，而她对现在的工作不满意，因为看不到发展前景。

她看到人力资源、设计师、策划师等等很多工作都感觉比自己的工作好，又苦于没做过，不知道如何着手。天天想着自己选择哪种工作才能更好地面对未来，想得头疼。

我很诧异，因为小七这个年纪，做的物业管理，带着十几个人的团队。她责任心强，积极向上，像个小太阳。怎么会有这样的困惑和纠结。

我总结了小七目前纠结的问题。

第一，现在所做的工作，自己不是很喜欢。所处的行业，看不清发展的前景。

第二，目前工作状态很清闲，想想自己的未来，心里发慌。感觉是在该奋斗的时候选择了安逸。

第三，想换个行业呢，自己没经验。还担心换了行业后，反而不如现在的状态。

毕竟对于刚毕业一年多的她来说，待遇和职位还是OK的，至少和同期毕业的同学比起来。

她纠结于自己将来该做什么？

对于现状很不满，对于未来很惶恐。用大量的时间去想，去迷茫，去困惑，去纠结。整个人也阴郁起来了。

小七皱着眉头，跟我讲着关于"未来"这步棋子该怎样走，一定要慎重。

看着她眉头紧锁的样子，我就想起来我刚工作时也像小七一样纠结无助过。

我学的是广告设计专业，二线城市的普通二本院校毕业，跟211、985重点院校比起来，毫无竞争力。

在学校时，以为设计师是个很牛的职业，毕业后才知道大部分平面设计师都沦为了作图工具，每个作品背后都有个指点江山的牛气甲方，他意气风发，挥斥方道，这个底色给我整成红的，哎，那个边框丑死了，给我换掉。

然后我开始长期纠结于未来要不要一直做设计这个行业。

实习时是在一家新成立的房地产代理公司，还处于前期无业务阶段。

我的工作其实就是给意向客户设计个名片或宣传单页了。全公司也就我一个设计员，可有可无一个岗位。

我们几乎没客户，做了两个月后发现我的工作根本没有实质内容。我开始迷茫。上班很清闲，找不到一点存在感。

想换工作，但是脑子是空白的，毕业两个月依然什么都不会，没有经验，更没有能力。辞职后，很可能找不到跟这个待遇一样的工作。

但不辞职呢，总感觉自己没有进步，因为很闲，很多时间都被安排做行政的工作。

不知道什么是职业规划，也不知道自己将来可以做什么。可总感觉这样下去，会把自己耽误了。

就是自己没本事，还想要个好前途，典型的眼高手低。

前辈告诉我，如果打算一直从事设计行业的话，就得赶紧辞职去一家FOURA广告公司工作。

每天都绞尽脑汁地在想该不该辞职，该怎样辞职，辞职后没钱交房租怎么办，没钱买新衣服怎么办？再找的工作还不如目前的待遇怎么办？几年后还不升职怎么办？工资少买不起房怎么办？过得比朋友们差很多怎么办？

各种困惑，各种踌躇，各种纠结。

那时候觉得压力特别大，感觉一份工作的好坏能决定了自己的未来，所以一步都不能走错。

后来呢？我还是辞职了，投了许多简历，依然没有一家FOURA录用我。最终没再去做长期纠结的设计工作，而是默默地做了房产策划。

现在回头看看发现自己之前所纠结之事，多半未发生，那一小半发生时也平淡坦然度过啦。

每个人的经历都是独特不可复制的，我不知道该怎样安慰小七，凭我浅薄的经历，也解答不了她纠结的问题。

但是曾纠结过未来的我很清楚，纠结解决不了任何问题，常常纠结于未来的人是没有未来的。

我们还这么年轻，拿着每次纠结的时间，读本书，写篇文章，听首音乐，看个电影，来一场旅行或学习一项新技能。不停地丰富自己，思维沿着许多不同的方向拓展，眼界开阔了，内心丰盈起来了。也就自然不再纠结于未来。

最近在看渡边淳一的《钝感力》，感觉有时候迟钝一些也蛮好的。

今天做好今天的事情，想那么多干吗。明天是好是坏，后天才知道呢！

拥有坚强的钝感力，不纠结于未来，不沉溺于过去。活在当下，做现在该做的事情，开心生活最重要。

曾国藩说：未来不迎，当时不杂，过往不恋。也就是说未来发生的事情，我根本就不迎上去想它，当下正在做的事情不让它杂乱，要做什么就做什么，当这件事过去了，我绝不留恋它。

在人生这条长河里，我们都是一枚过河的卒子。那就专注于当前的事，做一枚超强钝感力的卒子，努力向前走吧。管他明天是阳光盛放，还是暴风骤雨呢！

嘿，姑娘，我们这么年轻，做喜欢的事情，爱所爱的人。关于未来，不迎接，不纠结，活在当下，珍惜当下好时光！

{ 无所畏惧
才能勇往直前 }

没有人是一座孤岛,我们都是社会的一分子,所以你肯定会经历我现在所处的时光,无论是你已经经历过还是未曾经历,你都一定会通过工作与社会连接。我想来谈谈一个普通大学生从象牙塔里走出来即将面对社会的迷茫和彷徨,希望能帮到现在如我一样正在害怕、迷茫、彷徨的你。

我们总说要努力,其实我们并不知道为什么去努力,该怎么去努力。学校通常灌输给我们的是书本里死的知识,诚然知识很重要,但知识是需要累积的,需要一个厚重的沉淀过程,我们在学校里习惯被老师带着走,而非自己走。可是当你走出象牙塔的时候,你会发现你没有勇气面对赤裸裸的现实。你,被保护得太好。就像一个常年在无菌室的病人,他承受不住一颗小小的细菌,一招致命。

所以当很多的路摆在你面前的时候,你该选择哪条,怎么选择你才不会后悔,怎么选择你才会通向你想要的未来,怎么选择才会变成更好的自己,让你有些迷茫。创业?考研?公务员?企业?打工?你不知道。其实,也没有人知道未来的你究竟选择了哪条路,因为我们都没有预知的能力。

我们是生活在最当下的小人物,每个人内心里都有一个英雄梦。我们从内心就认为自己是一个正义的伙伴,只是后来看过太多的残酷现实,我们逐渐退回了安全的贝壳里,不去尝试就不会受伤,不去出头就没有流言蜚语,慢慢地我们所理解的正义变成了各自安好,自扫门前雪。

你肯定也会追星吧，有时候追的并不是自己很喜欢那个明星，而是因他身上闪耀着迷人的光芒。他很耀眼，他做到了你做不到的事，他成为了你想成为的人，他轻而易举地得到了你想要的一切。所以，即使我不追星，我还是很支持别人追星的。因为那形同于信仰，有了前进的方向，给人无限动力。

我即将面临毕业，普通大学、普通城市、普通家庭、普通样貌、普通才能，普通二字像一个紧箍咒，牢牢箍在我的头上。每当听到别人说他爸妈已经给他找好了工作单位，每当听到别人说找到了工作，每当看到没有上大学却赚很多钱的人时，庸俗的我总会忍不住羡慕妒忌恨：读了这么多年的书，要是万一我毕业后没有找到自己喜欢的工作，万一我每个月工资只有1000元，万一所有人都拥有了梦想中的职业除了你，怎么办？

有人说，你才20多岁，为什么怕做选择？其实，一切不过是因为想太多，我在害怕未知的未来。

前段时间看了一篇很棒的演讲，白岩松的。当时没有想明白，现在回想，确实句句戳心。

"如果我们要为未来忧虑的话，你拥有一辈子的机会，难道你会为了你的未来，一辈子地忧虑吗？"

"爱你现在所在的时光。过去的已经过去了，较什么劲呢？未来的还没有来，你在焦虑什么？你知道什么叫真正的恐惧吗？真正的恐惧不是血肉横飞的画面，真正的恐惧是调动你的想象力，把你自己吓着了。"

曾经幻想过诗与远方，可是却慢慢迷失了方向，看不到灯塔，所以一直彷徨。我原以为黑暗中只有我一叶孤舟，可当我穿过黑暗，回过头去，原来大家都一样。人不能与他人相比，而要与自己比。今天的我比昨天优秀，今天的我比昨天进步了一点点，就很好。你说羡慕，就去努力；你说努力，就去行动。更何况，有时候努力是因为别无选择。因为浮躁，所以彷徨，所以迷茫，所以害怕。害怕中的你什么都做不了，无所畏惧才能无坚不摧，披荆斩棘。

其实每个人都害怕未来，每个人都害怕没能做自己想做的事，没有变成更好的自己，没有遇见对的人。你只是其中的一分子，可是当你一切都无所畏惧的时候，你会发现天变得更蓝了，花变得更香了，你也变得更美了。

量变最终会达到质变的，道路是曲折的，前途是光明的。尽情去尝试吧，创业也好，做明星也好，自由职业者也好，研究生也好，公务员也好，打工也好，街头卖艺也好，那都是你的选择。你可以把生活过得很精彩，不单单是因为职业，更是因为你自己。

人本来就应该活得不一样，哪怕你最后月薪还是1000元，哪怕你没有穿上西装制服，哪怕你没能随手付款请客，你也还是正在通往你想要去的路上，你也一定会到达你想去的远方。

后来与好友聊天才发现，无论是现在在专心备考的同学，还是正在认真找工作的同学，或是在各地旅行的同学，其实我们都一样。因为年轻，因为不懂事，所以彷徨无措，甚至不知道该与谁来诉说，因为没有经历过的人不懂，跨过的人又会觉得这只是一件小事，本来就没有感同身受这种东西。

也许天气正好，也许在看的书正好，也许窗外的鸟儿叫了，忽然之间发现我已经不再害怕未来了，也不想再为未来担忧。现在的我正走向想到的地方，也许一两年内不能实现目标，那么就用三年来实现。也许过程很辛苦，可是我在做着我喜欢的事情，苦的也是甜的。更何况，我担心的障碍百分之八十都是不会出现的，它们只是心魔，我要做的是战胜百分之二十的困难就好了。

希望你和我一样，不再害怕未来，成为更好的自己，实现想实现的目标，到达想去的地方。今天的我，就是比昨天更美好的自己。

不惧未来，给它一个清晰的目标

[1]

朋友把我带到一块宽阔的平坦地，要我闭着眼睛向前走。我想，这有什么难的，于是闭上眼睛向前走起来，可走了十多米后，心便不安起来，生怕脚绊到了什么，额头碰到了什么，最后，还是忍不住睁开了眼睛。

按说，地这么宽阔、这么平坦，是不用担心绊着什么、碰着什么的，可为什么还是害怕向前走呢？

朋友说，害怕向前走，是因为闭上了眼睛，对眼前的一切什么都看不见，不知下一步要踩到哪里、走向哪里，害怕向前走，那是对未知的害怕。

我说，未来也是未知的，这样说来，我们每个人不都有一种对未来的恐惧和害怕吗？朋友说，但我们可以做到不恐惧、不害怕。我问，怎样做到不恐惧、不害怕呢？朋友说，给未来一个清晰的目标、计划和理想，让未来看得见，这样，我们就可以坚定自信地走向未来了。

[2]

有人做过这样一个实验：用两个没水瓶子，分别装着一条活着的鱼，然后，把一个瓶子放在桌上，另一个瓶子放进水中，不过，不让水进入瓶子，瓶子里仍然没水。

瓶子里两条离开水的鱼，哪一条会活得更久呢？实验结果表明，那一条放入水中瓶子里的鱼，其存活时间远远长于另一条。实验者经过多次实验，结果都是如此。

为什么会是这样呢？实验者解释说，因为在水中瓶子里的鱼，瓶子里虽然没水，但瓶子里的鱼看到了水，看到了水就在眼前，看到了生命的希望就在眼前，是希望拯救了它，让它更长时间地存活了下来。

让离开水的鱼儿看到水，让绝望中的生命看到希望，这是对生命最好的拯救。

[3]

一次，我在西北的一个干旱地区，见到那里的人植树的方法很奇特：每个挖好的树坑旁，除放着一棵树苗外，还有一个密封而透明的塑料袋，袋里装满了清水，人在栽下树苗的同时，把密封的塑料袋也埋进树的根部。

塑料袋里的水是密封的，树根无法吸收到水分，那把塑料袋埋进树的根部又有什么用呢？

一位果农看出了我的疑惑，对我说，把装满水的塑料袋埋进树的根部，不是供树根吸收的，而是让树根"看"的，让树根在干旱的土壤里，也能看到水，看到生命的希望，从而给树根传递这样一个信息：我的身旁还有水，我不会干枯而死。

据说，用这种方法栽树，即使在严重的干旱地区，树的成活率也极高，而且大多都能茁壮成长。

培植树，与培育人有着同样的道理，重要的不是给他们灌输"水"，而是让他们看到"水"，看到希望就在眼前。因为对生命来说，无论是树还是人，希望是生命最好的养料。

每一个踏实努力的现在，都会成就美好的未来

[1]

记得结婚的第一年，我和先生经常吵架，基本一个月就能来一次惊动邻居的大吵。我总觉得他对我不够好，一点不如我意都能被我上升到他不爱我的层面，然后就难过委屈，哭得梨花带雨。

好在，每次吵架的结局我都"被赢"。先生主动认错示好，听着我一一历数他的不是，以及对他提出的各种要求。现在想来，那时的我实在是太过放任自己而要求别人了。

没有共同语言，为什么要求先生去了解我的兴趣和爱好，而不是我去了解他的？

对话不愉快，为什么要求先生去提高沟通技巧，而不是我自己去提高？

不知道我的心思，为什么要求先生时刻关注我的内心，而不是我试着向他袒露心声？

当你没有安全感时，就很容易对别人要求太多。我们无法看到自己的不足，所以才总觉得别人不好。我们无力改变自己，所以才总习惯给别人提要求。我们自己就是空的，所以才要求别人不断给予。

可是，不断地被人给予，安全感就真的有了吗？

[2]

大姐在两年前辞掉了工作，在家做全职太太。之前的工作给大姐的压力太大，她整天神经紧绷，愁眉苦脸。姐夫看着心疼，就让她辞职了，反正家里也不缺钱。

起初，大姐还蛮享受不用上班的惬意生活。可没多久，她就心底发虚。自己不赚钱，怎么都没底气。虽然姐夫会给足生活费，让大姐花钱不愁，但她还是觉得不牢靠。

因为在钱上没了底气，大姐整个人都丧失了自信。她总担心被老公嫌弃，想着万一哪天离婚了，自己一毛钱不挣，连养活自己的能力都丧失了。尽管姐夫再三强调不会嫌弃她，更不会跟她离婚，甚至把工资卡都一并交给大姐管理，但大姐的心还是不踏实，对未来充满不安。

她跟我说，虽然现在有花不完的钱，但谁又能保证将来呢。万一你姐夫失业，或者他抛弃了我，我连点经济来源都没有，怎么应对？

我们总在抱怨别人给不了自己安全感，其实安全感更多来源于自己。一个没底气的人，别人再怎么给，他还是没有安全感。因为别人已给的，只会发生在过去和现在。将来还没到，给予的承诺再真诚，在没发生之前也是空话，它会随时生变。

安全感，不仅仅是对现在的感受，更多的是对将来的感受。将来的事，总归是靠自己才更牢靠。

[3]

安全感是每个人的心灵所需。有了它,就像不倒翁有了坚实的底座,即使摇晃得再厉害,都能恢复平静,稳定不倒。

小丽离婚了,因为老公出轨。离婚时,小丽没有得到任何财产。房子是前夫婚前买的,家里的积蓄又被前夫偷偷给小三败光了。中年危机的年龄,失婚、没房、没钱,小丽彻底跌到了人生谷底。

小丽的妹妹去陪她,想多多开导她,免得她想不开。只和小丽聊了一会儿,小丽的妹妹就发现小丽根本不需要担心。

她完全没有陷入对未来的不安之中,反而情绪稳定,心态积极,一副老娘随时可以"东山再起"的架势。

随后一年的时间里,陆续发生的事见证了小丽妹妹的预判:因为不用跟有外遇的丈夫生气,小丽的心情和精神面貌越发好了;没有了糟心的事,小丽有了时间和精力带着女儿出去旅行,和闺密好友们聚会,日子比之前过得还滋润;她本就有一份年薪不错的工作,只存了半年的钱,就付了首付给自己买了一套房;就在前几天,小丽还向大家宣布交了新的男朋友。

小丽没有在遭遇逆境时失去安全感,是因为她始终对自己有信心,她相信自己一定能好起来。

全身心被安全感包裹的人,从来不是因为他们时刻处在顺境之中,而是因为他们始终相信,哪怕遭遇不顺,自己也能走出逆境,越来越好。

[4]

当然，这种扭转危局的自信是需要自身的能力的。

公司在上半年裁掉了不少员工。其实，裁员之前早有迹象，很多同事都惶恐不安。有次私下闲聊，我问同事小米是不是也很担心被裁。他说不担心，反正被裁了立马就能找到一份新工作，正好趁机给自己多要点工资。

裁员果然没有他，他不仅没被裁，还升了职加了薪。

原来，铁饭碗不是一份永远不会失业的工作，而是随时都能获得更好工作的能力。

小米就是这种有能力的人。技术上遇到疑难杂症，别人几天攻克不了，交到他手里，几个小时就能搞定；客户刁难，别人怎么劝，客户都不依不饶，他一出面，几句话就能缓和客户的情绪；新来的大牛同事不服管理，别人说话他都顶两句，和小米合作时，大牛同事就很服气。

正是因为他拥有别人没有的能力，才能不用像别人那样忧心忡忡，担心裁员的事。

其实，想来也正常。决定别人是否抛弃你的，说到底总归是你自己；决定将来的生活是否稳妥顺遂的，说到底总归是现在。安全感从来不是无缘无故就有的。你的能力越强，你的安全感才能越足。

每一天，为明天。我们每一个人都应该过好现在。因为每一个踏实努力的现在，都将化成骨子里的底气，让我们不畏将来。

{ 你现在走的每一步都决定着你未来的样子 }

这几天我在分答上回答了很多朋友关于职场的困惑，感触最深的是，很多朋友在即将进入而立之年时，每个人都开始担忧着前程，不知道该怎么办，不知道该怎么选择，是回归命运的安排还是冒险追逐一把青春的梦想？

上个月我跟一家猎头公司的负责人聊天，他说的一句话让我印象极其深刻，他说，"如果一个人过了35岁后，还需要通过投递简历来找下一份工作的话，那么他的职场发展的前景基本上就要断送了。"

这话或许不是他原创，但代表了一位资深职场规划师对于我们这一代80后未来发展的一个判断。

这个世界看起来很不公平，但某种程度上又极其公平。哪怕是被围墙隔开的两个世界也对职场年龄有着苛求。

公务员系统在选拔干部的过程中，越来越倾向中青年年龄层。假设一个年轻人25岁进入地市级系统，职场10年后尚没有从普通科员晋升到主任科员级别，那么未来的职场之路的上限很可能就停留在主任科员这个层次了。一个职位干上十几年后，在临近退休前绞尽脑汁谋得一个副调研员的位置。当然，进入省级系统的公务员朋友可以参照这个划分自动晋升一级。

年龄的优势尚且可以决定围墙内职务晋升的前景，那么围墙外，除了年龄还需要与之相匹配的能力、经验和格局。

所以提问的朋友会慌张、会害怕，因为不知道自己是否还有机会去试错，是否还能承受失败的结果，是否还有足够多的时间成本重头再来。

[1]

30岁的时候，站在人生一个重要的节点上，必须要考虑清楚很多问题。

（1）你和家人的关系。

大多数朋友在30岁来临的时候已经成家立业，家中有一个或者两个孩子，有四位正在迈入老年的父母。无论你多么逃避现实，也无法回避这个真相。

所以，朋友，职场的细微改变很可能会影响全家未来的生活质量，当你评估职场发展时，要问问自己，我能不能照顾好家人孩子，能不能负担起他们的生活开支。这个问题永远都会摆在面前，只要父母在一天天的变老，只要孩子在一天天长大。时间会变成一种压力，一层又一层地叠加在你的身上。

压力会让你在面临职场瓶颈想重新换工作的时候开始退缩，你会担忧如果迟迟找不到新工作怎么办，如果下一份工作的待遇还不如这一份怎么办？

化压力为动力，不能因为一时的享乐让自己在不久的将来承受两难的痛苦。

（2）你和职场的关系。

工资是职场给予你最明面的东西，是对你每日工作8小时努力最表象化的承认。

但隐藏在明面背后的那些东西却是你最应该重视在意的。

工作中积累的经验，工作中培养的能力（包括智商和情商），工作中学会的教训，工作中收获的成就。

这些东西或许不会以工资的形式呈现在你的面前，但是会展现在你职场的风范，言谈举止，以及完成项目的所有细节上。

你在职场工作了5年，抑或10年，岁月的这些时光是否真正在你的举手投足中沉淀了下来？有些人，工作了10年，但除了每月领薪水，每天干同样重复的活，其他什么都没有改变；有些人，工作了5年，但已经褪去了生涩的新人模样，渐渐露出独当一面的气势。

我爸爸做企业HR的时候，很关注那些频繁跳槽的年轻人。在他看来，很多人还没有来得及静下心学点知识，就匆忙地改变职场跑道，选择下一个新鲜体验，他们简历上的五六年工作经验，根本代表不了能力，只能是一颗浮躁不安分的心罢了。

所以，朋友，当你在这个节点上重新估量自己的职场含金量的时候，要问问自己，这5年抑或10年的工作经验，教会了你什么，改变了你什么。在你的年龄跑步前进的时候，能力有没有快步跟上来。倘若有，那么证明这些时光没有白白流逝，倘若没有，当下就要发奋图强，留给你的时间并不多了。

（3）你和你自己的关系。

往好处说，人在一天天成长，往现实里说，人在一天天变老。

当人的体力和精力不再是优势时，就到了拼耐力和心智的时候。年轻人有大把的时光可以拿来试错，但你没有太多回旋的余地，所以只能靠心智去减少试错的成本。

看问题不要在停留在表面，格局应该站得更高。你认为自己是个士兵，就会以士兵的视角去处理问题；但如果你无限让自己接近将军的格局，你会站在全局上处理统筹问题。

做企业很多年的长辈常跟我说过，站的角度不同，看到的东西也会不一样，久而久之，人与人之间的差距就显现了出来。

你在职场上做着具体操作的活，但没有人会限制你思维的自由，你可以尝试站在更高的系统层面去思考，当思维模式从雇员视角调整到雇主视角时，你会发现海阔天空。

所以，朋友，当你审视自身职位的时候，请问问自己，你理解你老板的工作思路吗，你可以让自己的思维无限接近领导的思维吗？如果可以，请尝试努力证明给他们看，如果不可以，请尝试努力证明给自己看。

[2]

如果你还没有到30岁，那么还有时间让你积累未来30年职场战斗的重要武器。

30岁之前可以跟所有人谈后悔、抱歉和放弃，但30岁之后除了自己，没有人愿意听你的这一番话了，loser是他们内心对你下的一个判断。

你要做哪些事情：

（1）尽快找到职场上奋斗10年的目标。

如果没有具象的工作岗位，那么就问问自己最崇拜的职场偶像是谁，以他为目标。目标必须清晰，奋斗必须坚持，不要中途轻易改变方向，这段时间的积累将会成为你未来职场议价最好的武器。

（2）打造你的核心竞争力。

真正性价比高的工作永远只有很少的人可以胜任，高处不胜寒的领域，是没有对手的，是没有限价的，更是没有天花板的，不再是职场决定你的发展，而是你决定职场的可能性。没有竞争力的岗位，就意味着随时随地地可替换，你把低含金量的活干得再娴熟也没有用，年轻人凭精力旺盛就可以淘汰你。

（3）记住直线永远是最近的距离。

目标明确后，朝着方向不折不扣地前进，路途中一定会有诱惑让你偏离方向，告诉你直线很辛苦，而另一个选择有你当前渴望的职位和薪酬。职场上选择的次数越多，消耗的时间成本的越高，而目标明确的唯一选择却可能是时间成本最少，耗时最短的成功之选。

（4）明确工作中你学到了多少。面对困惑瓶颈的时候，问问自己是不是把这份工作该学习的地方都学透彻了，有价值的人脉资源都积累到了。如果是，果断跳槽。如果不是，请把本事都学到了再谋划下一步。每一次跳槽应该是职场身份的全新蜕变，从一个团队成员跳槽成了团队的核心，从项目的参与者跳槽成为项目的领导者。

[3]

如果你已经迈过了30岁这个节点，那么再惧怕、再慌张也无济于事，任何的恐惧都无法让时间倒流回从前，而恐惧打压下的溃败和放弃也只能把糟糕的现实变得更加糟糕罢了。

你要做哪些事情：

（1）接受现实，面对现实。

当鸵鸟解决不了问题，当逃兵逃避不了问题。不如静下心来好好分析职场的优势和劣势。20多岁的年轻人是培养自己的核心竞争力，而你是需要把自身的职场优势打造成核心竞争力。

（2）利用好你的职场优势，进一步放大你的优势。

互联网时代下的职场需求是多样的，木桶原理不再是标准，在做大你优势的时候，可以借助别人的合作来弥补你的劣势。单打独斗在这个世界不再通行，团队作战才是走得更远的法宝。

（3）把自己当作一家公司来经营。

你的优势就是核心竞争力，它是公司的品牌和口碑，做出它的影响力，做出它的辐射圈。影响力越广，就意味着市场需求你的人越多，你就越有优先选择权。

（4）要成为自己职场的策划人和领导者。站在更高的角度去看待问题和揣摩变化。为什么"远见"是形容领导者的，因为他们让自己站在了山顶上，所以看的永远比山脚下的人多和广。

[4]

所有即将迈入30岁，抑或刚刚迈入30岁的朋友，请抓住时间为自己的生命增加一点厚度，也为未来的人生累积一点高度。

人生注定是单程道，有去无回。既然别无选择，那就风雨兼程，去看一看山顶的风景，去体会下一览众山小的风光吧。

以前写了一些文章给大家送了正面的期望，但这一篇文章希望能够给大家一些思量。人生真的不是一场说走就走的旅行，也不是随时可以撤离的游戏，你每迈出的那一步，每做出的一次选择，都有可能彻底改变你和你家庭未来的走向。

过去30年所经历的恐慌，希望变成未来30年你奋斗的力量。

送王菲《人间》中的一段歌词给大家：风雨过后不一定有美好的天空/不是天晴就会有彩虹/所以你一脸无辜不代表你懵懂/不是所有感情都会有始有终/孤独尽头不一定惶恐/可生命总免不了最初的一阵痛/但愿你的眼睛只看得到笑容/但愿你流下每一滴泪都让人感动/但愿你以后每一个梦不会一场空。

未来不在未来，而在现在

朋友小可总说现在的工作不适合她，希望可以申请出国读书。她把这个想法在嘴上挂了三年，说："申请至少需要半年准备，读书又需要一到两年，时间太长啦。"

三年前她有这个想法的时候，我鼓励她利用零星的时间准备，总得为自己想要的生活付出时间和精力。小可不以为然。

而我的另外一个闺密跟小可一样，在两年前，她一边工作一边申请出国，半年后拿到心仪大学的offer，去年到英国读书，再过半年就毕业回国了。以此为跳板，她已经联系好了自己中意的工作。

而小可的这三年，还是继续做着一份"不适合""不喜欢"的工作。近乎重复性地过了三年，除了年龄在增长，似乎没有任何改变。

小可周围的同事已经换了一轮，她也从新人变成了老人，"不喜欢""不适合"的状态还在一直持续。她也不想每天除了应付完工作之后，就是看电视剧、刷微博、看朋友圈。不想过了一年又一年，还是把同样的日子重复很多遍。只是，她无力改变。

我问小可："现在还想出国读书吗？"

小可说："想，只是需要太长时间准备了。"跟三年前的说法一样。

之前单位的一个同事宁小姐，突然递交了辞职申请。宁小姐是孕妇，即将开始的带薪产假也不要了。原来，宁小姐和老公双双收到了美国某公司高薪职位的邀请，半年之后入职。宁小姐提前辞职，正是为这件事做准备。

宁小姐工作两年来，平时也跟大家一样上班、下班。周围人聚到一起开始吐槽行业不景气的时候，她从来不多说。宁小姐的做法是：上班时间把工作上的事情做好，下班之后把生活过得充实饱满。她不停地给自己充电，在提高英语水平的同时准备各种申请材料。大学毕业之后，她并没有把学习放下，而是依然带着热情提升自己，给自己镀金，一层又一层。

有一天，办公室新来的一个小姑娘带着黑眼圈来上班，工作时精神恍惚。休息时，小姑娘逢人就说前一天晚上熬通宵看完了某偶像剧，一脸骄傲。

宁小姐听了之后，轻声说："我们不能靠偶像剧活着，适可而止就好。我们都长大了，没人再管我们是几点睡觉，几点起床；也没有人去管我们是否写作业、做功课，但是我们每天都得为自己负责呢。人生一共两万多天，荒废一天就少一天，是不是？"

小姑娘吐吐舌头说知道了。可一转身仍像往常一样，抱怨着现在的工作有多无聊，吐槽着不喜欢的领导。

而宁小姐，即使是在受到不公正待遇的时候，也没有喋喋不休地抱怨。由于对眼前的生活不满意，她便做好计划，然后一点一点努力。正如她的签名：现在荒废的每一个瞬间，都是你的未来。她用自己没有荒废的每一个瞬间，去换取自己更闪耀的未来。

宁小姐是在怀孕期间申请的美国公司的职位。她说："这不是刚刚好吗？生完孩子后以全新的角色，开始全新的生活。"我非常喜欢宁小姐的这种态度——不管在哪一个阶段，都一如既往地对待生活。她努力的姿态是持续的，从不间断。

总会听到身边的人给自己设定一个改变和努力的时间：下个月开始好好努力；等忙完这阵儿就开始减肥；等结婚之后就不熬夜了；等状态好了就开始

锻炼；等周末再看书吧……

所有的"等待"都是在为自己的懒惰找借口，也是在预支未来。一个小时、一天、一年，就这样荒废了。直到别人有选择而自己没得选的时候，直到发现自己的今天还是和昨天一样的时候，才幡然醒悟，岁月已经被蹉跎了。于是，年复一年，还是远远看着自己想要的生活的幻影，感叹被自己硬生生荒废掉的人生。

荒废人生这件大事，总是在不经意间就变成了小事。当我们错过一个个瞬间的时候，并不会觉得错过什么。每一个刷朋友圈刷掉的早晨，胡思乱想丢掉的午后，看偶像剧和广告消耗掉的晚上，甚至心不在焉的工作时间，都被我们荒废得理所当然。每一个瞬间加起来，就是整个人生。

我把宁小姐的故事讲给小可听，她感叹不已："唉，我以为大家都跟我一样在应付工作呢。同事，真是个有意思的角色。看上去大家一样地生活，做着一样的事情，实际上却千差万别。就看怎么利用下班时间了。"

其实不仅是同事之间，使人和人之间拉开差距的，就是工作八小时之外的时间。下班之后，是花两个小时看肥皂剧，还是花两个小时健身和看书；早上醒来，是躺着刷微博、微信一个小时，还是起床吃一顿营养早餐、读一份报纸；周末，是胡吃海喝睡懒觉，还是阅读运动听讲座……一天两天没有差别，一年两年之后，一定会有不同。

庆幸的是，我身边越来越多的人意识到，工作之余的时间容不得浪费，人生容不得荒废。于是，他们把业余时间利用起来，提升自己，改变生活的品质，努力成为自己想要成为的那个人。

越早意识到人生会荒废在点滴之间越好。曾经，我们认为最不缺的就是时间，于是把很多希望和理想许给了未来。殊不知，我们十八岁时的未来，已然变成了今天。而今天，就是曾经的未来，是我们要兑现自己少年承诺的时候。

每一个看似的无用功，都在为大转变做积累

[1]

有一天，我在朋友圈发了一张美喵的照片，朋友西西小姐说："它是只小母猫吧？"我说，"对啊，是因为它长得漂亮，你就猜到它是只母猫吗？"西西说："并不是。"

过了一会儿，她发给我一个链接，是关于如何判断猫的性别的一篇长文。

据我所知，西西家里并没有养宠物，近期也没有要养的打算，但她兴致勃勃地跑去学了如何判断猫的性别。我忍不住调侃她："你学这个技能是为了啥？"

她回答："对世界保持好奇和探究的热情，是人们永葆青春活力的秘诀。"

对了，西西就是那个约我一起去上厨师班的姑娘。今年夏天，她丢给我一个业余中餐厨师班的招生链接，为我描绘了在家里做出一桌满汉全席的美好画面，动员我："一起去学吧！"

像她这么时髦的一个人，压根不会让人把她和厨房联系在一起，但是她说："你不觉得做菜的时候很平静、很治愈吗？"

此前，我是一个对做菜毫无兴趣的人，所以对于我花钱去上厨师班这件事，身边的许多人都不理解。比如我妈，她认为我在家看看她怎么做就能学会了。实际上，我看了30多年也没学会。

我告诉她，学校系统地教，并且可以与同学交流分享的效果还是不一样的。再说有些事情，你花钱了就会好好学，不花钱就不会好好学。人付出成本了，才会珍惜。

还有人认为，你这么多年不会做饭也没饿死，继续这样下去不好吗？

不。我理想的人生是不断有新的开始，而不是习惯就好。

事实证明，我的选择是正确的。经过两个多月厨师班的学习，当我能够毫无压力地做出话梅排骨、鱼香肉丝、宫保鸡丁和农家小炒肉这些家常菜时，巨大的成就感让做菜成了一件值得期待的事。

做菜，过去我认为非常琐碎、枯燥，现在认真去做，尤其觉得自己有了做好它的技能与底气之后，竟然真的可以从中感受到西西所说的那种平静和治愈。

原来，一个人喜欢做一件事，是因为他做得好，对生活充满兴致，也是因为可以从成就感中不断获得认可与鼓励。这或许就是我们需要认真地学习如何去生活，而不是随随便便混生活的原因。

现在，西西又找了个外教开始学英语，要学标准的伦敦腔。

"为什么？你有新男友了？"我很八卦地问。

她说："不为啥呀，觉得能流利地说一口高冷的英式英语很酷。"以前上学的时候，西西觉得英语挺枯燥，现在反而乐在其中。"老师的发音很棒，跟唱歌似的。体会不同发音的区别，找到规律，这个过程也很好玩。"

不知你有没有这样的感受，走出校门一段时间后，反倒愿意去学习了。你会更容易找到学习的乐趣，以及明白自己为什么而学。

西西的工作很忙，但她并没有成为一个忙碌而无趣的人。相反，每一次见到她，总有新鲜而有趣的见闻与我分享。她总让我相信，一个人不断学习新的知识，保持探索世界的热情，就可以既有活力又青春满格。

[2]

我的朋友韩小蓓，这两年在学韩语。她们班上的同学，大部分年纪只有她的一半大，准备出国读书或者工作。而她，仅仅因为单纯的喜欢，每周风雨无阻去上课，回家还跟学生一样做功课、背单词。

她跟大部分学生最大的区别是，很多人是在有目的地被动学习，而她是在快乐地主动学习。

她说，走出校门以后，最大的幸福就是你不必总是基于考试去学什么，而是可以基于兴趣去学。

此前，她也花了两年的时间，以同样的热情死磕法语。我不太明白她为什么在学一种新的语言时会快乐又满足，因为学语言本身是挺枯燥的事啊。

韩小蓓说，大概是因为真实的生活强加给我们太多无法克服的难题，因此不为考试、工作而学习的知识，反倒变成了不需要承担任何责任的、轻松的事。

人是一个矛盾体，不能太闲，闲则生变、闲极无聊，也不能凡事都为目的而活，否则很容易被目标压垮。因为无论多么努力，人也不可能实现所有的目标。

成年人在没有目标、看似"不用负责任"的学习中，得到的是一种适中的、不必背负内疚感的自由。

[3]

我身边还有朋友学古琴，平时工作狂人，上课的时候连手机都不开，那种全然的沉浸，让浮躁的心变得平静又踏实。

还有一个朋友在学国画。她跟我说，学画画之前，她从不留意小区花园中的紫藤、下雨时屋檐下的雨滴。现在，她从平常的日子里，处处都能看到美。

学习到底是为了什么？考高分？然后呢？"实用"的学习深入人心，很多人可能在离开学校之后就不再学习了，他们也因此丧失了对这个世界探究的热情和永葆青春的能力。

离开学校后，学习是否就结束了？答案恰恰相反。真正的、愉悦身心的学习才刚刚开始。

正如梁文道所说："读一些无用的书，做一些无用的事，花一些无用的时间，都是为了在一切已知之外，保留一个超越自己的机会，人生中一些很了不起的变化，就是来自这种时刻。"

不要把最美好的时光，拿来杞人忧天

站在人生的分岔路口，面对来来往往的人群，看着别人在我们眼前不断地穿梭，却不知道自己该何去何从，心中有少许的无助与迷茫。

越长大，越发现我们需要兼顾的事情在渐渐地增加，职场、爱情、父母、人际等等，不断挤进我们还未完全成熟的内心。当事情多得应付不来，眼前的一切没办法得到很好的解决，内心充满了压抑，很多人迷茫，很多人忧虑，各种各样的症状出现了。

前几天，有个读者跟我说，不知道跟男朋友还有没有未来。我问她，是出现了什么情况吗？

她说："我们两个人刚毕业不久，现在在同一座城市发展，男朋友想要自己创业，有时候为了多赚点钱，还会去摆地摊。但是，我不希望男朋友创业，希望他能够有份稳定的工作。我俩交往到现在也有4年了，父母一直希望能够带彼此回家，让家人过一下眼，看看另一半究竟是怎样的。但是，我还是挺担忧未来的。"

我问她："那你自己是怎么打算的呢？"她说："想给他一年的时间看看，看以后发展得怎么样。"

其实，既然当下，男朋友有了自己的目标，也在为着这个目标努力，何不给他多一些信心呢？

很多恋爱中的女生，总会去思考未来的种种，继而各种担心，有了情绪，也会很容易跟男朋友吵架。其实，与其担心未来，不如好好把握现在，不要轻易把梦想寄托在别人身上。既然考虑到了彼此的未来，那么，两个人就一起好好为未来努力，当彼此变得更好了，你们的未来也不会太差的。

在职场中，也有很多人在担忧未来。

认识一个男孩子，今年毕业，现在在一家刚成立的小企业工作。他跟我说，公司刚刚起步，项目周期有点长，而且很多事情都得自己去摸索。从接手一个项目到项目完成，需要花费很长的时间，感觉这么长的时间，自己耗不起，不知道何去何从。内心很着急，就想赶快学到东西，赶快完成项目，赶快成功。

赶、赶、赶，赶着学更多的东西，赶着时间，赶着寻找出路，赶着成功。

想起一个咖啡饮料的广告，文案是"赶第一班公交，赶最后一班地铁，赶稿子，赶会议，赶进度，赶在过年前带个女友回家，赶在情人节把自己嫁出去，花一辈子时间，赶时间"？

这应该是很多人的状态，一直在拼命地赶，却没有办法好好地过好当下。我们总是担心以后来不及，所以不断地追赶，而在追赶的过程中，却不断陷入迷茫，失去了方向。

看过一期节目，是杨澜采访乔丹。杨澜问乔丹："你很多年来在各个方面都取得了成功，你的动力是什么？自此以后，你的目标是什么？"乔丹回答："我不知道，我活在当下。眼前的事每天都会发生变化。"

所以，何必去担心未来？未来每天都在变化，我们没办法预测，唯一能过好的，就是当下，着眼于眼前。

人生最坏的结果，并不是未来过得不好，活成自己不喜欢的样子；而是当下拥有变得更好的机会，可是，你却在担忧中错过了改变的时机。

所以，不要把最美好的时光，拿来杞人忧天。踏踏实实走好当下的每一步，才是最要紧的。

成功没有捷径，每个人都有他努力的方式

在朋友眼里，我是一个没神经、没大脑，赚一块钱花两块浑浑噩噩过生活的人。我一般不在意，也觉得没什么大不了。人生嘛，就是笑笑别人，再让别人笑笑。

在我的心里，一直有一句十分俗气的话：成长，就是不断妥协的过程。说它俗气，因为太多人和我讲过这个道理，他们告诉我妥协的必要性和不可回避。我承认它是有道理的。可是我不愿意被别人告知。我喜欢自己去慢慢地一路走来，然后觉得这句话不是俗气的，而是真理。

有一朋友，跟我打电话的时候抱怨生活多累多苦，我很想跟他说少追求一点生活会不会轻松点，但还是笑了笑没说出口。现在这个社会，苦和累已经成了衡量一个人是否成功的标准，我怎么忍心剥夺他享受成功的喜悦呢？

我们都按自己的方式努力地生活着，或许有意义，或许毫无意义，这就是一种我思故我在的状态。10岁、20岁、30岁……不同的环境和心境，领悟都会改变。没有谁好谁坏，这就是成长。优秀的人是连成线的，你通过一个就能看到另一个。

周围的人，有的结婚了，有的出国留学，有的在拿到了丰厚的奖学金读研……永远都有比你更高的分数，申到更好的学校，找到更高薪的工作，永远都在仰望别人的高度。但总觉得别人定义的快乐、成功、未来都不是自己的。起码，要尊重内心。这样的生活才是实实在在、一分一秒度过的。

我不确定别人身上闪闪发光的东西是不是我想要的生活。但我强大了许多，像混合着沙子、木屑的沙袋，却没人知道里面也放了柔软的棉花。"承认吧，小疯子，你这是在嫉妒。""哼，才不是嫉妒。""你就是在嫉妒……"呵呵，好吧，你就当我是在浮夸吧……

我们都曾经有过无数的选择，到最后的都是各自性格的宿命。要坚信各自都会到达对的地方，只要为我们的方向奋不顾身过，用尽全力。我们都为我们各自的收获付出了代价，不要羡慕也不要自卑，请每一天，更喜欢自己一些，或者说，每一天，都向着自己所崇拜的人，前进一点。

其实我不太喜欢听成功人士讲所谓的成功经验，总觉得每个人有每个人努力的方式，成功没有捷径，认真生活，我们都会拥有世界。人生到底该往哪走，每个人的答案都不同。

走到生命的哪一个阶段，都该喜欢那一段时光，完成那一阶段该完成的职责，顺生而行，不沉迷过去，不狂热地期待着未来，生命这样就好。不管正经历着怎样的挣扎与挑战，或许我们都只有一个选择：虽然痛苦，却依然要快乐，并相信未来。

我们不要焦急我们30岁的时候，不应该去急50岁的事情，我们生的时候，不必去期望死的来临，这一切，总会来的。是的。我们就是现实版的SEX AND CITY。十指力赚，去买那么一朵钻石花，但绝不为了那么一朵钻石花，丢了自己，丢了人生。

我知道又有人要说我故作清高了，有时候我也在怀疑我所鄙视的一切是不是将来我将变成的一切。我的力量那么渺小，除了随波逐流还能做些什么呢？也许这个世界有太多的不尽如人意，但我一直相信这个世界是可爱的，我只是对自己失望，花都开好了，可我却叫不出它们的名字。我不去周游世界，但希望我的心中可以装下整个世界。

我信自己，而不是信路。我相信自己可以走通这条路，而不是相信这条路可以成全我。这才是人生。我只承认人格、爱和梦想。无关性别、财富、权力和其他。如果你还在为自己孤单寂寞怀才不遇举世皆浊我独醒而深深叹息的话，那么让我告诉你，你买不到那个彩票的，别再把你时间的积蓄两块、两块地花出去。人生若有知己相伴固然妙不可言，但那可遇而不可求，真的，也许既不可遇又不可求，可求的只有你自己。所以，不用去羡慕别人，你只是一直用自己的方式努力生活而已。

　　那个超出同龄人成熟的男生，我佩服你忍耐坚韧，也佩服你遇事沉着，思前想后的周到。只是我总觉得对权力、金钱有太强渴望的男人，让人害怕。但是，我多希望你最后能实现你的梦想。有梦想的人，我总是忍不住想听那心里生命的声音。不管你说的他说的这世界如何、这社会如何，我始终不怀疑生命的坚强。

　　每个生命里，都有对爱和梦想的渴望。每个人，都有自己努力的方式。不抱怨不诉苦，最后度过了这段感动自己的日子。不要着急，慢慢来，你会看到你的未来。

让未来的你感谢现在拼命的自己

我希望，多年以后，当你停下脚步，回头看这一路坎坷，不是心生畏惧，唉声叹气。而是微微一笑，嘴角上扬。光亮透入眼底，天野苍茫，仿佛置身一片平原。

即使满身伤痕，也不觉疼痛；即使岁月蹉跎，也依然感谢那个曾经奋力一搏的自己。

[1]

晚上，我跟城城聊天。她是我的前同事，我问她还在原来的公司吗？她似乎有些沮丧地说，是的。

去年，出于对文字的热爱，我们进了同一家公司。差不多半年后，我为自己赢得了更好的机会，当即跳槽。因为新平台的优势，我开始大量审稿，在今年三月，也终于提笔独立创作。

我从未想说自己如何按照心中所想一步步前进。只是身边，我所见到的，不少苟且于目前工作或生活的人，似乎都抱着一种想法：明知道当下的处境或多或少阻碍着自身的发展，却依旧不愿改变。

不光对工作，在面对要处理的事情、要学习的技能时，我们也总是瞻前顾后，拖沓犹豫。一段时间后，往往安于现状，不了了之。

你总想着，以后再做，有时间再学，却忘了时光匆匆，岁月无痕。明知道"日月逝矣，时不我待"，为何从未说过，现在就去想，现在就去做。

一个人最大的敌人不是别人，而是那个恪守固执、懒惰到不愿改变的自己。

[2]

我遇见丹尼尔，很偶然，是在一场校外的分享会上。当时，他浑身闪现出不一样的光彩。他向我们展示建筑作品，谈到节能环保、新型材料，那些打破常规的作品令我印象颇深。

他谈及自己的创作灵感，源于一年前的海外游学。那段时间，他辗转于美国、加拿大、摩洛哥，三个迥然相异的地方，激发了他不断探索的欲望。

当时他向在座的我们抛出一个问题——"从哪一刻起，你想要改变自己的人生？"话题一出，场内一片沸腾，他微笑拍拍手，接着说，我的那一刻，是从推翻过去一切开始的。回国后，我把学生时代的作品都毁了，因为这些成就留在了过去，带不进我的未来。如果没有把过去一切都舍弃的心，就会被牵绊，而失去想要改变的勇气。

他说完，现场是鸦雀无声的静寂。

很多时候，我们总在回望那些曾经的荣耀与兴败，忘记它们早已逝去，而人作为个体，却在时间的洪流里不断前进、成长。观念在变，眼界在变，格局和时代都在变。

改变现状，从改变我们对问题的看法开始。舍弃过去，才能以"空杯"的心态迎接未来。

[3]

我曾经因为害怕失败，而迟迟不肯行动。直到有一天，我的一位朋友语气平缓、看似漫不经心地说：既然你喜欢写作，又有这方面能力，为何不去写？

我打哈哈一样糊弄他。而后来很长一段时间，这句话就像个魔咒般扎进我的血液。我开始反复问自己，是啊，为什么不去做，为什么不去写？

人总是害怕改变，因为不知道改变，能带给我们什么，却清楚地知道可能会失去什么。大概这就是我们不肯轻易改变的根源。而其实，塞翁失马，焉知非福？

写作以来，我学会深层思考，认识了很多志同道合的朋友，看到了更为广阔的世界。很多人通过文字找到我，而最终，文字也成为我打开新世界大门的钥匙。

在我看来，一个心智成熟的人，会主动面对机遇，适时改变，而非逃避。逃避，不能解决任何问题。因为害怕失去，而不去行动，也许会成为人生中最大的遗憾。

一件事情，做与不做，天壤之别。很多时候，成败取决于你自己。

[4]

想起几年前，我抱着一堆稿子给一个编辑，她皱着眉头砸砸嘴，你文笔不错，可人家十四五岁开始写作，你起步太晚，路会很难走。

蔡康永说，15岁时你觉得游泳很难，放弃游泳，到了18岁遇到一个你喜欢的人约你去游泳，你只好说"我不会耶"。

难道一定要事到临头，才幡然悔悟吗？

我不信时间，我只信自己。

去见你想见的人，趁活着；去做你想做的事，趁还有时间。别说为时已晚，人生的词典里，永远没有太晚。

摩西奶奶76岁绘画，轰动全球。她曾说：做你喜欢的事，哪怕已经80岁。

杨绛先生，晚年创作散文集《我们仨》，直到104岁还坚持写作，笔耕不缀，即使在人生最后一程，也依然美丽。

其实，"想不想""做不做""见不见"，都抵不过你内心深处最后的"愿不愿意"。所有的选择，不过是自己掌控。

没有太晚的开始，不如今天就行动。总有一天，那个一点一点可见的未来，会在你心里，也在你脚下慢慢实现。

别让未来的你，讨厌现在的自己，要让那个他（她）从心底感谢现在这个不畏艰难、拼尽全力的你。因为生活不会亏欠每一个脚踏实地的人。

只要坚持下去，一直向前跑，就会到达

一个周末不在北京，一大早回来，打开豆瓣发现了11封邮件，里面超过一半是才上大学或者即将大学毕业的学子写来的。可能是鉴于大家对我坏脾气的包容与忍让，大部分人都没有写得特别长。

我觉得写信写成编年体史书，真的很容易让人看得火大，虽然我自己本身就是一个话痨外加长文创作者，但是每次看到有人写："小川叔，我现在遇到了极大的问题，我觉得我的这个问题来自我的性格缺陷，我的性格缺陷是因为我12岁那年……"写了3000多字，也没有告诉我问题是什么，最后只写完了12岁的故事，之后又出现了16岁的转折、18岁的激化、22岁的受挫……等到遇到问题的25岁，我觉得我的人生已经过了半个世纪。

还好，这次大家的来信都很短，内容的指向性也都惊人的一致。不论是才上大学的，还是即将毕业的，都很容易问一个问题："请告诉我，我要如何面对未来？"

"我是学古典音乐专业的，我很想知道我要如何有效地利用这四年，因为我不想荒废掉。"

"我是学影视工程的，我至今都不知道我是否热爱这个专业，请问我接下来要怎么做？我很怕万一毕业找不到工作，我不知道我还能干什么。"

……

对于这些朋友，我只能回复以上的这个标题：别和我说你对未来的担

忧，其实你只是害怕。我不是你的人生导师，谁都没资格做你的人生导师，你的人生是你自己的，你不需要导师。有一些问题很浅显，虽然它看起来很可怕，比如，毕业之后要如何去大城市呢？我要怎么开始租房子？如果公司是骗子怎么办？如果遇到黑中介怎么办？

这就和我要如何经历大学的四年一样。这些事儿，是你知道了答案就能万无一失的吗？你知道了那么多道理，最后不还是一样过不好一生吗？人生不可避免地需要发问，尤其是在你不懂的时候。但是，发问之前你思考过吗？你发问的目的是什么？

希望得到所谓的"前辈""过来人"的指点？指点你什么？对于一个毕业已经超过十年的人来说，我的所谓指点对你的帮助有多大？你是真的想要一个所谓的人生成长计划吗？还是只想要一个安心呢？更多的是后者吧。这个世界上有很多成功学导师，但肯定不包括我。

我给不了你一个所谓的答案或者计划，尤其是在你自己还没尝试自我思考之前。在你还没有一个答案之前，谁都给不了你这些，不是吗？思考，是一件很容易的事，只是我们都太懒惰，喜欢把这个权利交给别人。我要如何度过大学四年才不荒废？我毕业后要如何去面对社会？

这些问题虽然不可笑，但是听着也很泛泛，不是吗？你要如何度过大学四年不荒废？请问，你上了大学之后，想过自己要在这四年里做什么，想过你要成为一个什么样的人吗？你要拿一次奖学金吗？你要谈一次恋爱？你要开一次校园演奏会吗？

还是你要在大学四年里赚够两万元钱？或者是在寒暑假里走遍大半个中国？你连目标都没有，怎么好意思说你不想荒废？找目标，做计划，很难，也很容易。我要在大学四年里开发出自己的三个爱好。我要坚持每天晨跑。我要学好外语。这些都是目标。树立目标最难的是常常犹疑和摇摆不定，总是容易自我推翻，之后放弃。大部分目标没被实现，就是因为找不到坚持的动力。

我做这个有什么用？这是所有处于迷茫期的人共同的困惑。我们从小就习惯了被父母和老师教导着生活。大学是一个松绑的过程，可能这个松绑来得太快，以至于你根本不想独立思考。你还是希望有人告诉你一下，点拨你一下，这样会让你安心，还是会让你觉得可以少走一点儿弯路呢？

人生里有些弯路是必须走，必须去经历的。有些煎熬和迷茫，没人能和你分享。家庭遭遇不幸、父母双亲都遭遇变故，你向我求助，我要怎么做？我觉得，我无论回复什么，都会显得苍白无力。成长是在电光石火的一瞬间，但过程是山河湖泊一般坎坷。

没人能分享你的痛苦与孤独。害怕、失落、悲伤和无助，这些都是刻在青春上面的伤痕。没有人能不受伤就平平安安地长大。你不经历这些小小的挫折和打击，将来又怎么去迎接更大的低谷和失落呢？给自己找一个健康的发泄方式，比如跑步或者其他运动，用汗水去缓解迷茫带来的压力。

让自己忙一些，充实一些，没时间去思考更多的负面东西，这样你会发现每天都很有意义。抓住专业课，给自己树立一个目标，不一定非要取得奖学金，但是至少成绩不能太难看，因为这是你毕业第一年唯一可以依靠的东西。

如果你很早就发现你不喜欢本专业，你有四年的时间可以去培养自己的第二甚至第三专业。为自己安排一些打工的计划，多接触社会，你才能提早知道，这个世界到底怎么样。挖掘自己的一些特长，并努力做出点儿成绩来，画画、写字、唱歌、主持，说不定这将是你未来在职场上博得喝彩的第一步。

给自己多几次上台发言的机会。不从现在开始练习，你将来只会用更多的丢脸和紧张来弥补。交几个正能量的朋友吧！孤军奋战总是煎熬的，有个人陪伴总是好的。少问几个为什么，多想几个解决办法。这条路不行，就换另外一条路。

时刻保持对生活的热情，我知道这很难，但是人生最大的智慧不就是及早学会"苦中作乐"吗？如果你现在都不能学会自己鼓励自己，你又拿什么来面对四年之后大城市打拼的孤独？遇到困难，自己先想一些方法，不多试验几次，你怎么知道你不行呢？大道理人人都懂，你从一开始就知道应该怎么做，你只是害怕，但是害怕没有用，因为最后解决问题的总归是你自己。

每个人都应该有一套属于自己的计划和安排，这绝对不是也不应该是所谓的过来人教你的。无论如何，都要相信未来总会好的。你会找到一条适合自己的路，而且没人知道那条路是什么。你也许会担心、会害怕，但是只要坚持下去，一直向前跑，就会到达。比起倾听你的困惑与烦恼，我更希望听到你的成长和改变。加油！

要放眼未来，也要活在当下

[1]

周末和Emily去书店，书店的二层好像正在举行一个讲座，我好奇，非要拉着Emily去看看。

说是讲座，倒不如说是一个分享会更加恰当，主题叫作"活在当下，旅行在当下"，分享者是一个25岁左右的女生，讲着她是如何在国内外穷游，还拍了许多漂亮的照片。这个女生的口才很好，她认为年轻人不应该把钱存在银行里，应该多出去走走，看看这个世界。

我不爱旅行，怕折腾，也怕阳光和风沙大的地方，再加上有哮喘的毛病，哪怕真出去也要选一个不冷不热、酒店舒适的地方。在娱乐方面，我能想到好多好玩的事情，但是旅行绝对不是其中一个。

即使是这样懒惰的我，听到这番宣讲还是会考虑——是不是真的应该出去玩玩？我问Emily怎么看，有没有觉得内心的小宇宙被点燃了，恨不得立刻就订机票，来一场说走就走的旅行？

谁知道，Emily冷哼一声："你就听这人胡说八道吧。"

"人家怎么胡说八道啦？"我的醉意尚未退去，"你快请假，我们下周就出去玩。"

"稿子写好没有？书看完没有？"Emily敲了一下我的脑袋，"年轻人要是都像她这样活在当下，我保证，过不了三年就得后悔。"

"可是，不是每个人都有直面现实的勇气啊。"我耸耸肩，"不是每个人都像你一样，受伤以后第二天就会康复。对于一些人来说，旅行可能是唯一能让自己觉得有成就感的事情。"

"现在开心有什么用？以后租不起房子的时候，就等着哭吧。"

我吃太饱，困得不行，实在争不动，对Emily翻了一个白眼，就去书台处结账了。

[2]

和Emily讨论完这个问题以后，我发现豆瓣上一个旅行小组里突然冒出一个帖子。作者出生于1980年前，是一个资深的旅行爱好者，从毕业到现在，已经去过很多地方，也拍了很多漂亮的照片，遇到很多有趣的人。

在32岁生日的那天，她突然发现，在生活中除了几个文件夹的照片，还有一沓明信片之外，几乎没有剩下什么东西。虽然有一些网友在评论里安慰她，但是大部分人都在嘲笑她，说什么"得了便宜还卖乖""旅行这些宝贵的精神经验，根本不是金钱可以计量的"诸如此类的话。

在很多的讨论中，大家把物质和精神对立起来，甚至认为精神优于物质，而我则更愿意把它们看成是一个整体。好友曾经向我科普过一个知识，就是贫穷更容易导致人变笨，然后逐步进入一个恶性循环，而本来物质条件比较好的人，恰恰由于时间自由，不必日日思考如何生存下去，反而拥有更多时间去学习，获得更多提升个人的机会。

这位后悔当初旅行太多的作者，不知道是不是也陷入了这样的困境中。年轻的时候，住在隔断间里，和朋友喝掉一瓶啤酒就能高兴很久，所以辞职去旅行是一件相当潇洒的事情，也会成为"活在当下"的榜样；只是，年纪大了，身体机能在急速下降，稍微吃点苦就腰酸背疼；除了自己生活之外，也要考虑起怎么照顾父母养老的问题。

实际上，无论是放弃工作去旅行，还是决定要为人类自由而奋斗，这些折腾实际上对自己、对社会都有比较正面的意义。甚至说，你的梦想就是环游世界，当个小清新到处拍拍照，也没什么不可以。

只是，无论如何，都不要太耽误赚钱、念书，这两样都是自由生活的基石。当梦想的机会降临之时，它们得能帮你更好地抓住、实现梦想，否则其他人打算出门度假的时候，你却只能深陷于现实杂务。要从这个困境中解脱出来，唯一的方法是完善自己的技能包。

有技能包，有钱有自由；没有技能包，看遍天下风景也难有好生活。

第五章

适应孤独，不要被寂寞侵蚀灵魂

学会独处，适应孤独

周末吃饱了撑着，闲着无聊就随便看了一期《非诚勿扰》，聊表一下寂寞。我看的那一期有个男嘉宾自爆从小父母离异，所以特别害怕孤独，晚上睡觉的时候一定要抱着一个大活人才能睡得着，不管这个人是男是女。我琢磨着这个男嘉宾还挺逗的啊，真恨不得穿过电脑爬过去喷他一句："无法独处，你不孤独才怪！"

其实，孤独就像我们会放屁拉屎一样，是一种正常的生理现象，人皆有之。可是就像我们觉得放屁拉屎让人觉得不雅，难以启齿一样，我们很多人对待孤独就像对待黏在手上的鼻涕一样，恨不得赶紧甩掉。

于是我们像背九九乘法口诀一样把"团结同学，尊敬师长"牢牢地记在心中，坚持"团结就是力量"的革命原则，不手拉手不成群结队就不能好好吃饭好好上厕所。

于是我们打起十二分精神，贯彻落实"活到老，学到老，学无止境"的终生学习政策，发挥坚持不懈、一丝不苟的科研精神，努力研究学习"怎样5分钟就和陌生人成为朋友""十二星座的性格特点""与不同血型的人的交往方式"等等。

我们像饥饿的婴儿急切地想要吮吸乳汁一样，我们急切地想要提高我们智商、情商、德商、逆商，以求在生命剩下的日子多结交些猪朋狗友，扩大、扩大、再扩大自己的朋友交际圈，热闹热闹自己的生命，以便将来可以在自己的墓碑上刻上"此人不孤独"的墓志铭。

我们以为只要身边围绕着很多热闹的人，我们就可以驱赶走"孤独"这只野兽。殊不知衡量孤独与否并不是看身边到底有多少人，而是看内心的充盈程度。

我有个朋友，从读大学认识她的时候起，她就马不停蹄地交男朋友，换男朋友就像换衣服，不是正在和男朋友谈恋爱就是在找个男朋友谈恋爱的路上。我问她："你都不用稍微消化一下上一段感情再开始新的恋爱吗？"她显得很苦恼地对我说："我也没有办法啊，我就是停不下来，我只是非常害怕一个人，真的非常希望有个人爱我给我安全感。""那有人在你身边，你谈恋爱了就不孤独了吗？""嗯，显得不孤独。"她抿了抿嘴，思考了一下之后说。对于这样的回答，我无言以对。

她让我想起了《被嫌弃的松子的一生》这部电影。松子为了得到爸爸的关注而不断地做鬼脸逗爸爸笑，为了爱情而甘愿忍受暴力。多年以后，她遇到那个害她开始悲剧的一生的学生阿龙时，她躲在屋子自言自语地说："屋子里是地狱，屋外也是地狱。"既然都是地狱，屋子里只有她一个人，而屋外至少还有一个说了一句爱她的男人，所以她就不顾一起地冲到屋外和阿龙在一起。在这个过程中，松子没有考虑自己到底爱不爱阿龙，没有考虑跟阿龙在一起之后可能的后果，仅仅只是不想一个人生活。连基本的独处能力都没有，这样的松子又怎么不让人嫌弃？没有朋友是真的会很寂寞，可是无法与自己相处则是整个生命的荒芜！

这也是为什么常常有人问"为什么我每天的行程这么满，身边围着这么多人，可是我还是会觉得很空虚、很孤独？为什么我老是觉得我原本充盈的内心在不断地皱缩？"的原因。

因为你忘了一个最重要的角色，那就是你自己！你为真正自己做了些什么呢？为什么有人教我们"团结同学，尊敬师长"，却没有人教育我们也要和自己和谐相处，团结自我，尊重自我呢？为什么我们花很多精力去学习如何与人和谐交往，却不能和真正的自己成为好朋友呢？

我认为情商高的首要表现之一就是能够很好地独处。

独处并不排除群体，也不意味着赞赏性格孤僻，独来独往，而是像国画中的留白一样，在忙碌狗血的生活工作中，我们仍留有一些时间去卸下层层面具，真正地面对自己的内心，找到自我，释放自我。

我的大嫂今年30岁，在一家公司的行政部门工作。她每天除了要应付公司里的各种乱七八糟零零散散的工作和应酬之外，下班回到家后不仅要处理自己小家里的各种柴米油盐，作为长嫂，还要时常出面解决七大姑八大姨的家长里短。我想她大概是大部分中国妇女的缩影。可是与大部分人不同的是，每个周日的上午她都会请丈夫照顾孩子，自己则整个上午都待在书房里。我问她整个上午待在书房里干什么，她却淡淡地回答："什么都不干或者想干什么就干什么。"说完她冲我调皮地眨了一下眼睛，笑了。

是啊，独处的时候就是什么都不干或者想干什么就干什么。

安迪·鲁尼说："如果你独自一人笑了，那是真心的笑。"

你可以在繁重的工作或者令人厌恶的人事中偷偷地一个人溜出来，挑个中午这种少人的上好时间，用一张票的价格包下整个电影院，挑个王者的最佳观影席，看一场花火四溅、爆破全场的电影。那感觉怎是一个"爽"字了得！

你还可以突然一改平时端庄贤淑的形象，突然浓妆重抹，性感妖娆，然后高高兴兴地和自己来一场华丽的相遇。

你还可以买一大堆食物回去，精心地为自己做一顿精致丰盛的晚餐，仅为你自己而做。

你甚至可以干脆脱光衣服，欢乐地跳一场裸舞，只要你高兴。

或者你什么都不干，就是听着窗外的雨声，对着窗台上的那朵快要凋零的花儿静静地发呆。

独处的时候，你永远是自由自在的，没有人告诉你该干什么不该干什么，你想干什么就干什么，不想干什么就不干什么，你的内心永远是欢腾雀跃的。独处就像苦涩的咖啡里后面加进去的那颗糖、那杯奶，让你在苦涩中尝到幸福的味道。

当然，并不是每个人一开始就可以尝到这种幸福的味道，独处是一种通过慢慢学习才能掌握的技能。也许每一个能够很好独处的人都经历过很长一段让人无法忍受的孤独时光。也许是一个人在外地打拼，经历过无数个寂寞难熬的夜晚后，突然有一天醒来，看见初升的火红的太阳终于明白一个人也能生活得很好；也许是在无数次求安慰无果后突然明白原来自己也可以很好地安慰好自己；也许是在一次又一次地在人群中狂欢之后，突然觉得有时候独处才是最充实的时候。

总之，随着人生经历的丰富和心智的成熟，你会发现，对付孤独的最好方法不是躲进人群中假装自己不孤独，而是以毒攻毒，接受它，战胜它，然后享受它。

正如作家陈染说的那样："如果没有一点独处的余地，那么就会很孤独。被剥夺了内心空间的热闹，是一种更深刻的孤独。"

{ 既然不能完胜孤独，不如与它平静共处 }

我一个朋友，用三个月的薪水买了一个LV手袋，低调的她并不喜欢这种满身logo的东西，但她说，当有一天她发现圈子里的人几乎人手一个LV时，她突然觉得有些孤独。

这是令人沮丧的事情。和某人吃过无数次饭，仍然只是点头之交；手机里存了三百个电话号码，却不知可以拨哪个号码，倾诉深夜里突如其来的伤感……

孤独感成了生活里最固执、最持久的一部分，而与之对峙、战斗、和解又几乎将贯穿我们的一生。没有多少人能做到像卡夫卡那样，享受孤独，甚至渴求孤独，正如他所说："与其说我生活在孤独之中，倒不如说我在这里已经得其所哉。实际上，孤独是我唯一目的，是对我的极大诱惑……"

有一段时间，我怀疑这只是卡夫卡的一个耍酷的姿势。直到我前阵子读完美国作家理查德·耶茨的《十一种孤独》，我开始认同他的观点：人都是孤独的，没有人逃脱得了，这就是我们的悲剧所在。

卡夫卡一定是很早就认清了这一点，所以放弃了那些无谓的抵抗，他三次订婚又三次解除婚约，在事业方面也没什么野心。

比较喜欢《十一种孤独》其中的一个故事——《万事如意》。格蕾丝明天就要和拉尔夫结婚了，同事们都在热烈地祝福她，送她贺礼，她也配合着办公室里狂欢的气氛。但她却被一阵突如其来的惊慌攫住了：她真要和这个男人结婚吗？她似乎迷恋的是像上司那样有趣的男人，她甚至在圣诞派对上热吻过他，但现在，她却要和另一个有些无趣的男人结婚了。这样的不安和惶恐，格蕾丝简直难以启齿。

这情节我是如此熟悉。有个朋友说，婚礼那天，他一个人待在洗手间哭了一场。他不知悲从何来。这是一桩看上去近乎完美的婚姻，有时连他也这么认为。但他却在那一刻，感受到了无以名状的孤独。

后来看到英国一位经济学教师推算出的一个数字：一个人找到真爱的概率是二十八万分之一，也就是说，绝大多数人在婚礼那天，的确是该哭的。

我想我明白了朋友泪水里的含义，结婚这事并不坏，但离万事如意就差了那么一点。而这一点，他觉得比所有的东西都重要。

我的另一个朋友，在情场上屡败屡战，她还给自己挂起了结婚倒计时牌。她说，最主要的是，结婚之后，我就不会再有孤独感。

我对她说，孤独是生命里必有的黑暗，它无法穿越，也不可战胜。我们能做的就是与它平静地共处。

如果我们明白了这一点，我们会觉得，其实人不需要那么多东西：名声、金钱、奢侈品、朋友或者爱情、婚姻。至少，可以随遇而安，因为我们用这些东西对抗孤独，却没法获胜。

印度哲学家克里希那穆提认为，人们读书、娱乐、交友、恋爱、结婚、宗教、信仰、工作、活动、兴趣、爱好、权力与金钱欲望都是为了分心。分什么心？分孤独的心，怕自己无事可干而感觉到孤独，怕由孤独感引发莫名的焦虑、恐慌与不安。其实，连上帝也知道孤独是驱使人最好的手段。古版《圣经》里说，人原本是一体，上帝嫉妒人类无忧无虑的生活，把人劈成两半，一半为男，一半为女，让他们一生下来就不得不面对孤独与不完整感，只有努力寻找到另一半，才能摆脱孤寂的折磨。

我想起宗萨蒋扬钦哲仁波切的一句话："人生就是你身边睡着一只老

虎，你会恐惧、逃避。如果你不知道这一切是幻象就成为问题。你要骑在它上面，抚顺它的毛，人生的目的是要和老虎睡觉。"

孤独，就是这样一只老虎。

因孤独选择的将就只会更孤独

我一个很漂亮的朋友,找了个男朋友足足大她二十岁,当时她曾经问过我意见,我实话实说:这个人配不上你,你何必呢?她说:我不爱他,但是他对我很好,我觉得两人这样相处下去也不错。

最后的结果是,她被这个男人甩了后一度精神崩溃。我记得她对我说的最惊心的一句话是:我都愿意嫁给他了,不嫌弃他了,他怎么还这样对我。

好吧,自己先有嫌弃之心,勉强自己这么与对方相处,你以为对方是不会察觉的么?当然是察觉了,又迫于喜欢你而忍耐了,最后实在忍无可忍,爆发出来。不要怨天尤人,他给你的这个报应,属于人之常情,要是他能够忍受这样的感觉一辈子,那不如直接称为当代苏格拉底。

被好的人甩了,痛哭一场也就算了,被自己原本嫌弃的对方抛弃,那才最最可怜的。因为即使你并不深爱对方,相处久了也是有感情的,分手时除了感情的断裂,更多的还有不甘心。这个不甘心,就是传说中雪上加的那霜,可以让你惊觉生不如死,人生观为之改写。

有个很古老的实验,说可以发给每个小孩一颗糖,如果小孩愿意忍耐一个小时再吃,那就可以额外多得一颗。据说能忍耐一个小时的小孩日后都成了大器。这个实验每个人听了都有不同的看法,我觉得这就是告诉你,要有理性和远见,你才能得到更多、更好的。

在开始时,不够喜欢,不够满意,就不要答应;在感情中,鸡肋了,淡薄了，对方对你不够好，就别再拖下去。拖下去只会变少，绝对不会变多。温水煮青蛙，煮着煮着，青蛙就死了。

我大概要讲一万遍，才会有人相信，女孩子在恋爱里，付出的比男方多得多。女孩子的时间，是更加拖不得的，机会成本对女孩子而言，比什么都重要。不要高估自己的定力，不要高估自己的理性，你并不清楚自己会爱上什么样的人。不把位子空出来，则不会有人来坐。你要等到那个合适的人，势必要先一步摆出空着位子的态度来。否则随着时间渐长，你会发现你越来越离不开这个你曾经嫌弃的人。

所以，遇不到合适的人的时候，请你享受寂寞，在恋爱间隙里的寂寞，是必须的，耐得住寂寞，是很重要的一个恋爱环节。因为害怕寂寞而去接近对方，得到的不啻于饮鸩止渴。在恋爱中，无法忍受被彻底冷落的寂寞，想要将就着一段并不满意的感情度过的话，你一定会为此付出代价。

在恋爱中也有类似的情形，有些男人一开始对你很殷勤，然后突然冷落你，或者一直不徐不急，对你很好，也不提要你做女朋友，只是一直消耗你的时间。有些泡妞高手就很擅长用这一招来泡原本没有希望的优秀女孩。他们对你，不是没有感情，只是这个感情太稀薄，按照正常恋爱模式来权衡，按照相伴一生的标准而言，太不够太不够了。

我曾经也是个性子很急的人，问题是，你一急，先输一筹。后来我就不急了，是的我很想他，我相信他也很想我，他未尝想到要打电话给我，那么，又何必自低身段。是的，我喜欢他，但是他并不喜欢我到愿意顾及我的心情和想法，那么又何必在结婚前绑死在他身上。

习惯了一个人对你的好，习惯了他的体贴，你会越来越离不开他。如果突然失去，那种难受会如同戒毒一样，让你宁愿饮鸩也要止渴。最好的办法，就是不要放纵自己养成依赖一个人的习惯。习惯的养成一般是3天和7天，3

天养成一个小习惯，7天养成一个大习惯。所以如果你不够喜欢他，不够满意他，不要连续和他保持三天以上的密切短信往来，或者连续约会超过一个礼拜。一定要时不时给自己一点缓冲。

很多条件优异的女孩子，身边都有着一只平凡至极的青蛙。这些女孩子也知道身边的他是青蛙，但她们不知道，自己才是那只被温水煮死的青蛙。愿你不会先做了一只青蛙，然后挽着一只青蛙。

简单一点来说：多谬误一天，就少正确一天。

做独处的有心人

林徽因说过，真正的淡定不是避开车马喧嚣，而是在心中修篱种菊。如果想衡量一个人的内心有多强大，就看他能不能一个人独处，如果想衡量一个人的格调怎么样，就看一下他独处时都干些什么。

人这一生不是与别人斗争，而是修炼自我的过程，经得起寂寞才能获得自由，耐不住寂寞则很容易受到别人的牵制或干扰。

独处能帮我们守住内心，让我们用心去感受生活的真谛，用心去总结癫狂嘈杂的生活带给我们的启示，这是一个人成熟的标志，也是一个人变得强大自立的标志。这时的我们，更多的是凭信念在关照自己的内心，只要相信自己就会无比坚定，这时我们也是孤独的，但只有耐得住孤独和非议，才能找到最真实的自己。

有时候，别人会把你妖魔化，以前我会费力地去向别人解释，但现在我不会这样做了，因为你不可能让每一个人满意，而且也很没有必要。我们要认真地对待工作、亲情和爱情，但这绝对不能是我们生命的全部。因为只有独处才能把头脑和心灵里不好的信息清空，从而来接受更多好的、新鲜的东西。女孩子大多会失恋，但是靠寻找下一段爱情或者和朋友一起吃饭唱歌来填补空虚的心，往往效果会更加糟糕，这样不仅不会让自己变好，反而会让自己找不到自我。

两年前，我的感情遇到了问题，感觉情绪一下子跌入低谷。那时正好赶上十一长假，那一夜我彻夜未眠。我觉得自己有很多地方做得不够好，比如没有多为对方着想一点，生活能力比较差，好像只会工作不会生活，过于依赖司机和助理。所以，我决定来一段不需要任何人环绕的旅行，第二天醒来，我就抱着自己捡来的小狗，掸了掸车上的灰尘，踹了踹四个轮胎是否能用，确认一切OK之后就起程了。这是我第一次一个人开长途，坦白说，这对我的身体和心理都是一个极大的挑战，我一路听着导航，开始从北京出发去我的老家青岛。我知道近800公里的路程对于我来说可能面临很多挑战，但是既然起程了就要走下去。

刚出北京，我就被很多卡车夹在中间，卡车里是即将被买卖的猪，我看着它们绝望的眼神，听着它们声嘶力竭的呼唤，我想，生命结束时竟然会这样残酷，但我又阻止不了什么。于是我看着我的小狗说，乖乖，你是这么幸运，但愿你下辈子千万不要再转世做动物，我不敢看这些待宰的动物，心里一阵阵的心酸。

刚刚突破重围，迎接我的却是瓢泼大雨。眨眼间外面就看不到路了，平时不怎么开车的我被这么大的雷阵雨吓到了，我根本看不到前方的路，突然间又感觉很恐惧：因为不知道前面有没有车，后面的车开得有多快，我强迫自己镇定下来不要急躁，慢慢地一步一步试着往前开。天气像是跟你开玩笑一样，开过这段雨突然停住了，天一下子变得晴空万里，我的心情豁然开朗，我把车的天窗全部打开，开开音乐，看着我的小狗突然觉得很幸福：天真的有不测风云，人也会有旦夕祸福，风雨过后一定有彩虹，但一定要经历过风雨才会有彩虹。又开了一段时间，前方开始排队，警笛不停地在响，原来三辆卡车和一辆小轿车相撞了，事故已经处理完毕，开着车离开的时候我不敢看事故现场，因为我怕自己没有勇气开完剩下的300公里路程。那时，我觉得自己又是多么幸运，这一路就像人生一样那么无常，在重重阻碍和恐惧中我到达了青岛，我为这一路的遭遇沾沾自喜。觉得自己成长了，那些不开心也像是尘埃一样，被大雨淋了个干干净净。我穿越近800公里到达了彼岸，完成了自己对自己的承诺，见到家人。

我曾经花大把时间去世界各地，想看不同肤色的人的生活，想从中寻找到生命的意义。我去米兰，去巴黎，去普罗旺斯……我经常端着咖啡，坐在路边，看不同肤色的人来来往往不停地为各种目的奔波，我突然发现世界上的人都好相似。所以，现在我宁愿在家里待着看看书，听听音乐，或者干脆什么都不干，哪怕发呆也觉得这时光是自己的。

所以，不管男孩还是女孩，都试着给自己一些独处的时间吧！只要我们想发现生活的本质和快乐，你就会收获很多。人生很短暂，算下来我们独处的时间就更少了，所以要做独处的有心人。看一本书，出一身汗，来一次独自的旅游，努力跟自己去对话。相信你会在与自己独处的时候，发现自己的问题，并在解决问题的过程中变得更加强大。

从独处中找寻专属的快乐

在网上看到一个视频，男人的单身居所里，宠物猫伏在书桌上，看着他在电脑前忙碌。窗外灯火万家的时候他才合上电脑，开始准备一个人的石锅拌饭。先是剁了些肉末，准备了几样蔬菜，还焖好了米饭，然后打开电磁炉往锅里加少许油，炒熟肉末和蔬菜。配菜加入米饭后还不忘在上面打了一个鸡蛋，又从冰箱拿出辣白菜、拌橘梗几样小菜，最后是打开一罐猫粮。城市，渐渐进入灯红酒绿最为喧嚣的时刻，家里，单身男人和他的宠物猫吃着各自的晚餐，没有音乐场景却很是动人。看到这，你绝不会认为他是孤单的，他分明是在独自享受一种暖暖的幸福。而我，更是被挑起了食欲，决定明天也要去吃一碗石锅拌饭。

曾经喜欢一个人旅行，独自去了很多地方，一个人的机场里，背着大大的行囊，拖着长长的背影。城市乡野，绿水青山，大漠孤烟直，长亭外草长，没有人送行，也没有人等候。常常有朋友问，一个人的旅途可感孤单？是的，我曾经在旅途上感受过最深刻难熬的孤单。

那一年夏天，我与几位在拉萨山地旅馆结识的旅伴租车去阿里，因为一路海拔都在4800米以上，环境恶劣路途艰险，走遍那里至少需要十五天时间，所以很少有游客会去，即使前往也会结伴两辆车后才会出发。可当时我们几个年轻的旅伴，带足了给养后就单车出发了。高原荒漠路况极差，我们的车没少陷泥潭又落河滩，在沙丘上拼命转轮子，总算屡屡有惊无险。关键是走了好几天全是荒漠风沙，几乎没有人烟，甚至一整天都看不到一辆车，我们几个灰头土脸的，洗澡成了奢望。开始的两天我们还在车里有说有笑，后来就只剩下沉默着等待与忍耐了，原来没有陌生人的环境也是可怕的。

第七天我们向扎达县进发，那里奇特的土林地貌以及神秘的"古格王朝"遗址吸引着我们的无畏。车在海拔5000米以上的大山里穿行，旁边是深达几百米的山涧，这样的地方除了旅游季节会有极少数的游客路过外，就再无声息，也是孤单得不能再孤单了。整整十个小时过去，扎达县依旧遥遥无期，我们的车还在山路上爬行，天却完全黑下来了，关了车灯就伸手不见五指，我心里甚至生出一丝恐惧。

车转过一处山弯，眼前忽然就明亮了起来，两山之间一轮大大的红色满月悬挂天边，而传说中的土林地貌，在此般决绝的月色里以无与伦比的恢宏气势扑面而来，似宫殿，像军阵，如森林，变化万千，磅礴着延绵开去。一路上我们所有的孤单与艰辛，在刹那间烟消云散。原来最美丽绝伦的月光笼罩的，总是最寂寞孤单的山谷，那一刻，我忽然觉得自己好幸福。

等你走过了那段青葱般的岁月，等你读了很多书又行了很远的路，等你度过了人生某些最艰难的时光，你就会明白，生命里总有一些日子是需要我们独自走过的，或许是孤单寻觅，或许是爱情残局，或许是婚姻废墟，又或许是一个人的天涯浪迹。我们挣扎在看似的孤单中，然后渐渐冷静渐渐坚强，又渐渐与孤单和解，为自己再次找到曙光。

真正的孤单是高贵的，也许略带些沧桑，但并不影响从心底生出快乐，去享受生活里的某些幸福时光，哪怕就是一个人做饭吃饭呢。如此孤单，只和思想有关，和身体无关。

我身边也有独自生活的友人，一个人上下班，一个人吃晚餐，一个人看电影，一个人去健身，我也常常一个人去咖啡馆，什么人都不约也有自己独处的快乐。看起来或许形单影只，但不一定就是不幸福；相反，这样的友人往往生活状态更加积极，抗打击能力更强，对人和事更加宽容。

　　幸福不是天上掉下来的馅饼，而是一种聪明人的智慧，是在生活水深火热的苦乐悲欢里日渐平静从容，收放自如，进退有度。心灵的平静，才是我们幸福的原乡，不在乎你是一个人，还是两个人，抑或是一群人。

在一个人的日子里把自己变得更优秀

一次假期后刚上班的第一天,我和雀子聊天。她说,我很不开心,感到前所未有的不安和孤独。我特别不喜欢这样的状态。

我问,你怎么啦,得了假期综合征了吗?

不是,老邓明天又要出海了,这次是太平洋航线,大约十个月的时间。她郁郁寡欢。

雀子是我的闺密,我俩可以分享各种小秘密。她是一个乐观、独立、果敢的姑娘。老邓是她的男朋友,理论上讲应该是未婚夫。老邓是一名海员,一年365天,有200多天都漂在茫茫大海上。

去年夏天,老邓休了长假,说想休息一段时间,好好陪陪雀子。雀子开心了很多天。俩人在天气晴朗时去湖边晒太阳、钓鱼,然后喝野菊花冲的大杯水;手拉手看电影,去花卉市场买一盆一盆的绿萝、吊兰,摆在冬暖夏凉的阳台上;去超市买食材,做老邓喜欢吃的韭菜鸡蛋馅儿饼和栗子蛋挞……

老邓在的时候,雀子通常是不出来陪我喝茶聊天逛街的。她全心全意地陪着他。她习惯了他的存在,但是他又一次要离开了。人是群居动物,都会害怕突如其来的孤独。雀子说,等老邓走后,她要养一只小猫或小狗,陪着自己。

末了,雀子说,其实被留下来的人才是最孤独的,还要站在原地安静地等待。然后,硬生生地给我挤出了一枚笑容,那笑容像躲在寒冬雾霾里的那一抹朦胧的太阳。我突然很心疼眼前这个身形单薄的姑娘,是得有多大的勇气才可以一次又一次面对长久的别离，而且是连三天一通电话都没有保障的异国爱情。还要在等待的日子里，保持优雅向上的姿态。

有一个周末中午，我做了个梦，梦中妈妈在厨房做饭，妹妹在庭院里和爸爸聊着她期末考试的成绩，只听到有敲门的声音，妈妈喊我，墨儿，小王同志到了，赶紧起床吧。我寻索着浓浓的香甜味儿，在想我到底是该穿黑色的长裙子，还是穿米色的棉布衬衫和牛仔裤呢？然后就醒了。阳光穿过玻璃窗打在白色花朵的床单上，打在散落在床边的红色毛衣上。我呆呆地躺了好久，才恍然醒悟，哦，家里哪有人啊，在这个房子里，这个城市里，只有我自己。也许这就是孤独吧，突然惊醒的午后，发现身边连个说话的人都没有。

老实讲，每一年我最讨厌的，就是春节假期过完刚来上班的这段日子。因为我是一个长时间独处的人，除了上班时间，几乎都是一个人。但是一个人时，我会努力调整好自己的状态，我可以看电影、看书、写字、运动、画画……找各种事情去做。所以，孤独并不经常来我家串门儿。但春节假期打破了我的生活节奏，我每天跟家人、朋友在一起，热热闹闹的，不觉孤独。一到了上班时，我就开始感觉很失落，心里空荡荡的。

许久以来积攒的强大勇气，就像一只气球一样，经历了热闹喧哗的美丽时光后，砰地一声爆炸了。孤独无声无息地把我淹没，然后又需要吸气呼气，重新积攒力量去充满另一只气球。像我这种内向、慢热、不习惯用语言表达自己内心情感的人，往往需要躲在自己安全空间内调整几天，才能整理好心情再出发。

昨天在QQ上，雀子跟我讲，她找了一份兼职。她有一个朋友去了佛罗伦萨，半工半读，没时间照看网店，于是她接手帮忙打理网店。那是一家布艺窗帘的网站。雀子说，店里有安装师傅，也有客服，她就负责平时主页面的更换、配色和设计排版。我说，你拍照技术很赞，但是网页设计你可以？她说，没关系，Photoshop我还能做，一直以来，只要与设计相关的元素我都非常感兴趣，所以我已经决定跟着视频学习Dreamweave和Flash，我想让自己的生活多一些乐趣和色彩。

上一次老邓出海后，雀子跟着大卫学习摄影，她聪明好学，心思细腻，常常捕捉一些感人心扉的镜头，后来还参加了公司举行的摄影展。那次，她参赛的作品是《停留》，是她去海边写生拍下的照片。一望无际的大海与浅蓝的天空接连一片，海浪开心地拍打着沧桑的礁石，一枚红蓝条纹的小船系着岸边，小船静静地望着汹涌的大海，不知疲倦，船身上的漆脱落得斑斑驳驳。照片获得了二等奖。从这张照片里，我读出了小船的孤独和雀子的思念。

上上次老邓出海后，雀子报了舞蹈班，跟着老师学习恰恰和拉丁舞。半年下来，瘦了五公斤。看着她纤细的腰身，我又一次咬牙切齿地决心要减肥。期间，她还报了广告设计的成人选修课，熟悉掌握了PS和AI。并且从一家传媒公司的文员成功跳槽到一家上市房产公司做策划师，主要负责广告推广工作，年薪翻了两倍不止。

雀子说过，像我这种不思进取的人，每次下决心改变自己时，总是在我最孤独的时候。我痛恨这种孤独的状态，孤独伴随着不安刺痛我的内心，所以就迫切的渴望通过自身的强大去改变这样的状态。老邓每一次出海后，没人陪我时，我就赶紧找点事情做，不至于太冷清。我想把自己的生活塞得满满当当的，这样每天都是多姿多彩的。

我呢，一个懒癌晚期患者。王先生陪着我时，我只需要每天上班，其他一切不用操心。我不学做菜，反正有人做；我不学开车，反正有人送；我不整理房间，反正有人整理；我不搬重物，反正有人来搬；我不缴物业费、水费、电费，反正有人缴；我不去取快递，反正有人取……

可是，王先生在另一个城市工作，每年至少两百天的日子是属于我一个人的。日子嘛，总是得自己过。所以，每当下班后自己又不愿意在外边随便吃点晚饭时，那就自己做点吧，自己最了解自己的胃嘛。吃完饭，也没人跟我聊天贫嘴时，就找些自己喜欢的书读读。人丑就要多读书，人笨要多读书，人懒要多读书。那么，我又丑又笨又懒，更没有理由不多读书。

我还有个兴趣，就是写字。从去年五月份在网上写文字以来，陆续收到一些好评和喜欢，我很快乐。我发现写字是一件快乐的事情，继而发现孤独感渐渐远去了，独处也可以是一件快乐的事情。

今年是王先生去另一个城市工作的第三年。渐渐地，我发现我学会了自己做菜、自己养植物、自己开车去陌生的地方度假，学会了管理时间，也在逐步治疗自己的懒癌。这样想想，我也是有收获和成长的。

有人说陪伴是最好的礼物，可是我们这些没有礼物的人，也得学着自己送给自己礼物呀，我感谢每一段孤独的时光，感谢在这些时光中蹒跚的自己。

孤独，是给我们思考自己的时间，在一个人的日子里，我们要做的只有一件事，让自己变得更优秀。

与孤独的自己友好相处

[从一个人开始]

不管是主动选择,还是被动接受,每个人的人生中,可能都会或长或短地有过一段"一个人住"的时光。也许是单身日久,一直独自生活;也许是中年离婚,从同居恢复为单身;也许是后来丧偶,不得不形影相吊;也可能儿女都长大后,夫妻双方想要解脱束缚,享受分开后独立的人生……谁也说不准哪天,"一个人住"就悄然成了自己社交状态上的词条。

且不说究竟是群居还是独处更幸福,至少,有能力独居且独居得不错,是生产力高度发展,进入工业社会才能完成的事。因为社会分工更加细致,一个人不再需要掌握非常多的技能,就可以独立生存。不愿整理房间,可以请专业家政;不会熨烫衣服,可以拿去给洗衣店;不会做饭,可以去外面吃……几乎一切个人需求,只要付出费用,就可以被社会解决。而到了现在的信息化社会,你甚至不用出门,只要下载了足够多的APP,就连切好的鲜果都会有人送上门来,甚至也会有专人上门为你按摩、美容。于是,独居的挑战不再是生存技能,而是处理"自己"这件事。

其实,和自己相处,是一件我们毕生都在处理的事。因为不论是群居还是独处,你一直都是和自己在一起。佛教《无量寿经》里有一句话:"人在世间,爱欲之中,独生独死,独去独来。当行至趣,苦乐之地,身自当之,无有代者。"与任何人和事交接时,体会痛苦和欢乐的,只能是我们自身,无人可代,无人可受。只不过群居时,"自己"略微隐去,主要处理与他人的关系,而到了独居之时,自我凸显,便成为了一件非常明确、必须处理的事。

虽然毕生都要面对这件事,但有很多人对此束手无策。许多人害怕独居,就像害怕毒蛇一样,所以白天令自己在工作中忙得不可开交,晚上一有空暇就呼朋唤友出去游玩,身心疲累之后,回家倒在床上黑甜一觉,不知所之。这种情况其实算不上是真正的独居,因为不曾为"自己"留下一丝空隙。

而若你愿意为自己留出空隙,愿意来面对一下这个你一生中最重要的人——自己,你就会发现,独居时光,是你一生中难得的自我认知、自我完善、提升幸福感的时光。

[一个人住也能幸福]

独居之时,众人退去,自我凸显,你便有机会历历看清自身。比如,当内心生起愤怒时,你便有机会观察愤怒的来处、壮大与衰落,追溯愤怒的根源——许多时候,愤怒是对自己无能的强势表达。那么,是什么让你生出了无力感,你又为何会对此生出无力感?而令你感觉无力的事,是否真的是属于你的事呢?……其他所有情绪产生时,你都可以有这样的观察,一路观察下去,你对自己的了解就会越来越深刻,慢慢地知道自己内心真正的需求是什么,过怎样的生活会真正觉得幸福,于是不必再去追求错误的东西。

我们痛苦的一大部分原因,来自我们对自身的不够了解、对外界的无谓屈从。当身心不能协调时,不仅会痛苦,甚至有可能生病。我们屈从外界,又正是因为对自身的不了解和不确信:自己内心喜悦的那条路,是否会偏离"正常"的大路,又是否蜿蜒曲折、蛇虫出没?独居,正可以帮助我们确认自我。那时，再走属于自己的路，就会从容坚定，无惧流言，也不会半途而废了。

独居之时，也是最好的自我完善之时。独自居住的人，因无须对群居时的许多关系负责（如给父母交代，陪恋人、孩子等），所以时间相对自由。这些时间，正可以拿来掌握一些自己感兴趣的技能。读一个在职课程、学一种乐器、读一些书、考一个驾照、交几位志同道合的朋友……因为少人打扰，所以更易比群居者取得成就。也或者，只是来一场"说走就走"的旅行（可行性比群居者高出很多倍），也足以愉悦身心，增广见闻。当独居时光结束，也许你会发现，"自己"的内涵又丰富了许多，对专业的理解、乐感的提升、思考能力的深化等等，都是独居为你带来的美好礼物。

理想中，经过一段时间的独居，我们有可能获得一些新的技能，同时对自己有了更深入的认识，再加上相对自由的时间，一个人幸福的可能性就大大增加了。这时候需要的，就是一种开放的、自然的心态。幸福从来不只有一个模样，"一个人住"时，就好好享受独居的每一分好处，并从独居的寂寞里汲取力量，但永不排斥再度与人建立亲密关系的可能性——也许，下一个要与你牵手同行的人就在街道拐角。能处理独居状况的人，也该有能力让一段新的亲密关系更舒展、更精彩呢。

{ 当你的心门被关上，孤独也就如影而随 }

[1]

又一个朋友得了抑郁症。

这两年，得抑郁症的朋友特别多，他们心中苦闷，不知道该跟谁说时，就会来找我。

这个朋友也是如此，她是我在上海工作的时候认识的朋友，在我的印象中，她是一个活泼开朗的人，朋友圈虽然发消息不多，但也偶有晒美食或自拍，就连转发，也基本都是些鸡汤或情感类的东西。

我一直以为她生活得很好，却不料，她突然告诉我，已经难过到快要支撑不下去的地步了。她年龄不小，事业进入瓶颈期，升职无望压力却一如既往的大。好不容易在大城市买了房，把父母接来同住，却不料，他们整日唠叨，不停催婚，给了她很大的心理负担。她自问条件不错，却并没有可以随时结婚的男朋友，她烦透了像现在这样，每一年都要强迫自己出去应酬无数次，认识不同男人，和不同的人吃饭、试探他们，以求查看他的人品、家世、性格，看能不能把自己嫁出去。

对生活越来越厌倦，感觉每天都要支撑不下去，却还在苦苦支撑……我和她刚聊一会儿，就感觉情况不妙，她不仅仅是"内心苦闷"，而是悲观情绪蔓延，无法自控。我给她发了一张抑郁症测试表格让她填。填完发来看，大吃一惊，焦虑值和抑郁值都严重超标，到了该咨询专业心理咨询师的程度。

［2］

一个土豪朋友，事业做得非常好，本人性格也幽默开朗。有一天晚上，突然给我发微信，让我给他推荐几本书看，最好是小说，能打发时间的。

我向来早睡，看到消息时，已是第二天早上六点钟了，我看他发消息的时间，是夜里三点钟。我顺手敲了几个书名发过去，没想到，他秒回了。我问他，晚上睡了几个小时，他告诉我，也就两三个小时。

我打趣他说，最羡慕你们这种每天只用睡两三个小时就足够的多血质人才了。你们的时间，平白就比我们多了好几倍，能多做多少事情呀！

他苦笑，怎么可能？只是最近心里苦闷睡不着罢了。

我本来以为，跟他正在做的生意有关。他却说，主要是家庭问题。他的妻子，自从他生意做大之后，就再也不肯出去上班了。每日在家买买买，他回到家时，看见到处堆的都是快递盒子，心里就很不舒服。提醒过两次，可惜她现在唯一的乐趣就只剩下这个了，于是只好把不满压在心里，没有讲出来。

不仅如此，他有时候工作中遇到些问题，想跟她聊一聊，她却没有兴趣参与他的话题。或者，经常把他真正想聊的事情带偏了去，几次之后，他就失去了继续聊天的欲望。

那天晚上，他失眠了，本来想跟她说说话，可看着她熟睡的脸，听着她轻微的呼噜声，突然发觉，枕边的这个人和他的距离那么远。就想着，干脆找本小说看一看，打发下时间好了。

[3]

我前些天带孩子去涂鸦班，在外面等待时，认识了个小朋友，只有10岁。她跟我聊天，告诉我，她最恨爸爸了，因为爸爸老是取笑她。

爸爸总是说，她皮肤太黑，像煤炭一样。爸爸说，她头发太黄，一脸苦命相。爸爸还说，她长得难看，学习也不好，只怕将来很难嫁出去……

爸爸说的这些难听话，简直不像是亲爹说的。我忍不住问她，是亲爸爸吗？她说是。

我问为什么会这样对她？她爸爸傻吗？

她告诉我，他不傻，他只是更爱弟弟。

我们正聊着天，她妈妈带着弟弟出来了，那是一个跟我儿子差不多大的小男孩，被妈妈拉着，皮肤也很黑，头发也很黄。可我想，他在家里应该没有受到过那种被歧视的待遇吧！

她看见妈妈来了，脸上的表情变了，从愤怒变成了欢快，她跑过去，紧紧拽住妈妈的另一只手，依偎着，跟我说拜拜。

她靠在妈妈的胳膊上，不时抬头看她妈妈的表情，她妈妈笑的时候，她也跟着笑。妈妈不笑的时候，她的表情就有些紧张。我看着只觉心酸，这么小的孩子，心里就充满了憎恨，本该无忧无虑，却过早地学会了察言观色。

我忍不住心想，她妈妈知道她是这样的吗？知道她有一个孤苦无依的灵魂吗？

想必是不知道的吧！她应该很爱自己的孩子，若是知道因为伴侣的态度问题，让亲生女儿心中充满仇恨，对母亲加倍依赖，只怕是会心疼的吧！

[4]

我有个朋友，嫁了有钱人，喜欢在朋友圈秀恩爱，说她老公又给她买了什么，做了什么之类的。

我一直以为她非常幸福，直到有一天，跟一个共同的朋友聊天。那个朋友吐槽说，嫁入"豪门"的她，朋友圈并不是发给我们看的，而是发给她老公看的。她需要不停在公众场合提到她老公，并对他表示感谢来维持夫妻和谐的假象，从而保证自己的地位。而实际上，她的零用并不多，和朋友一起吃饭，只要稍微贵一点，就不敢埋单，AA都不敢。她要随时跟老公汇报她的行踪，而老公的行踪，她是不能过问的，一问，他就会发脾气。

朋友说，如果你同时关注了他们夫妻俩，你会发现，她老公连赞都不给她点。

听朋友这样说了，再看她的朋友圈，看法就不一样了。总感觉那虚假繁荣的背后，隐藏着的是旁人无法理解的孤独和落寞。

不知道这样的生活，是否让她甘之如饴。

[5]

我有时候走在街上，看到一些人面无表情匆匆走过，心里会想，他此刻在想什么呢？是否已把个人感受屏蔽到忙碌的生活之外？他的精神生活，自己一个人能搞定吗？他有十分依赖，却总感觉把握不住的感情吗？他是否一直在付出，而收获却总是不够明显？

人类其实是最擅长伪装的动物。你和他打交道不多时，从他偶尔的言谈里，并不能了解他是否快乐。就连每天都生活在一起的两口子，也很容易"灯下黑"，只顾自己的情绪，而忽略了对方的感受。

我的生命里，有很多我特别在乎的人。有时候我只要一想到，如果哪一天因为我的粗心或强势，让我身边的人感觉到孤单，就觉得特别害怕。

我曾经自以为是地说过，那些太容易跟我生气的人，都是不重要的人。心里却知道，根本不是这回事。有些人我得罪得起，因为他们不重要。而有些人，我得罪不起。

那些我爱着的人，一旦得罪，他们可能会把本来向我开着的心门，紧紧关闭。那时候，我就算是想爱他们，也未必有资格了。

越是在乎，越该小心翼翼。越得罪不起，越如履薄冰。只有这样，才不会在将来的某一天，让自己也变成那个表面热情开朗、内心千疮百孔的人。

孤独是人生的必修课

生活不可能像你想象得那么好，但也不会像你想象得那么糟。我觉得人的脆弱和坚强都超乎自己的想象。有时，我可能脆弱得一句话就泪流满面，有时，也发现自己咬着牙走了很长的路。

——莫泊桑

[1]

但以这样的一句话作为开头，看高木直子的《一个人住第五年》的时候还在国内，那时觉得那样的生活根本不可能发生在我身上，连吃饭都要人陪着的我无法忍受一个人吃饭的感觉。所以后来，有很长的一段时间里我都没能适应一个人吃饭，一个人旅行，现在想想其实也没什么，这个世界运转速度那么快，没有人会在意你是不是一个人。以至于后来一个朋友问我是不是也得了社交恐惧症，我笑笑，其实不是，只是自己慢慢地变得懒了，懒得去经营一份感情，至于朋友，有那么几个就足够了，有些人天天在一起，也不见得是朋友。

好像这样久了，倒是会忘记开始遇到的困难，渐渐地变成自己生活的旁观者，看着生活平静地流淌。都说人是慢慢成长的，其实不是，人是瞬间长大的，就像是突然间沉淀一般，突然不会谈恋爱了或者说不想谈恋爱了，一个人生活单一却也不会觉得无聊，即便很多时候还是会迷茫却也不会觉得烦躁了。

去年的今天我在不一样的城市，背着不一样的书包，留着不一样的发型，走着不一样的路，想着不一样的事情，有着不一样的心思，爱着不一样的人。谁说改变需要十年呢。

[2]

身边的牛人倒是不少，像是神祇一样的存在，我也只是羡慕想着反正自己也不会变成那样的人，直到有一天一个学长跟我聊起来，才知道原来他也有看不进去书的时候也有写论文写到想撞墙的时候，我们都忘了他们是用怎么样的一个代价才换取来了这样的一个人生。他说，如果你想要去实现梦想，孤独是你的必修课。如果不能沉下心来，就没有办法去实现它，因为那绝对不是一件容易的事情，孤独能让你更坚强，你必须找到自己的生活节奏。

有一个朋友喜欢每天喝一点酒，看一部电影然后准时睡觉；住在旁边的英国人神出鬼没有的时候早上才睡有的时候天刚黑就睡了；隔壁楼的一个男生每天天不亮就起来跑步，往往那个时候我才刚打算睡。

最近迷上一个人到处走，算不上旅行只是周围的城市走一遭，倒也不会花上太多时间准备，提起包就走了。我不会带上相机只是有兴致了拿出手机拍一拍，音乐倒是我走到哪里都不能丢的东西，只有音乐，能让看似漫长的等待变成曼妙的旅程，似乎自己跟整个世界都没有关系，只想当一片没有名字的云，徜徉在不知道名字的风景里。

正如上面说的，曾经无法想象一个人吃饭的感觉，同样的，我也不会去想象一个人去坐公交车是什么样的感觉。谁知道没过多久我就习惯了一个人坐车去学校，我离学校比较远所以每次上车的时候还没有多少人，坐最后的几排。有的时候看着窗外发呆，什么都想却又不知道自己在想什么。

我们都会找到自己的生活节奏，然后沉溺其中无法自拔。

[3]

很长一段时间里我都没有去书店，觉得那种"每个星期读一本书"对于我来讲是太遥远的东西。直到有一天我陪朋友去书店，他是一个买书就不会停的人，我也就跟着买了几本。回到家里看微博人人又觉得心里空落落的，索性就拿起书来看，也是在那一天我才发现，其实每个星期看一本书没那么难，那天我一下子把书看完，才觉得这样子的生活是充实的。

要么读书，要么旅行，身体和灵魂，必须有一个在路上。

我告诉自己现实容不得你拖延，拖延只会让我变得更焦虑而已，所以刚开始的时候我规定自己每天提早上床半小时，看上几十页书，很快就变成习惯了。有的时候我不得不感叹如果真的去做一件事情的话，那么这件事情没有那么难。当你真的想要做一件事情的时候，整个世界都会来协助你，就是这种感觉。

一个骑过川藏线的朋友说，只要出发，就能到达，你不出发，就哪里也去不了。如果你不能沉下心来，就什么也做不到。出发永远是最有意义的事，去做就是了。一本书买了不看只是几张纸，公开课下了不看也只是一堆数据，不去看就没有任何意义，反而徒增焦虑，行动力才是最关键的。

[4]

你也许也是这样，当你渴望找个人交谈的时候，你们却没有谈什么。于是发现有些事情是不能告诉别人的，有些事情是不必告诉别人的，有些事情是根本没有办法告诉别人的，而有些事情即使告诉了别人，你也会马上后悔。那么最好的办法就是静下来，真正能平静自己的只有自己。

没有人能免得了孤独，与其逃避它不如面对它。孤独并不是一件那么糟糕的事情，与嘈杂相比，一个人生活倒显得自得的多，倒也可以变成一种享受。或许至少需要那么一段时间，几年或几个月，一个人生活，不然怎么能找到自己的节奏知道自己想要什么。这是属于你自己的东西，是你的一部分，你听音乐时，坐地铁时，一个人走在马路上时，它就会流淌出来，让我觉得这个世界似乎在以另外一种形式存在着，我能够清晰地听到自己。

我们都生活在一个不那么如意的世界，当乌云密布我们就摇曳，但阳光总有一天会到来，等阳光照到你的时候，记得开出自己的花就行了，那个你与生俱来的梦想。有的时候梦想很远，有的时候梦想很近，但它总会实现的。我想一个人最好的样子就是平静一点，哪怕一个人生活，穿越一个又一个城市，走过一个又一条街道，仰望一片又一片天空，见证一次又一次别离。

即便世界与我为敌，只要心还透明，就能折射希望。

与你有关的人太多，所以还不如做一个你想要做的人，人生都太短暂，去疯去爱去孤单一场，真正能平静自己的只有自己。人都是孤独的，孤独不可怕，可怕的是惧怕孤独。想要摘星星的孩子，孤独是我们的必修课，我不怕自己努力了不优秀，我只怕比我优秀的人比我更努力。

{ 不要试着打败孤独，而是跟它握手言和 }

一个周末早晨，我特意调了闹钟，一早醒来，买菜，做早餐，打扫卫生，忙到九点多，刚好打扫完，出了一身汗，看着窗明几净的房间，心里满满的成就感，心想正好再去洗个澡，看会书或电影，就可以准备做午餐了。这时，停电了。整片区域的变压器烧坏了，要等抢修。就这样，没有期限的停电，发生在我全身都是汗，忙活了一个上午，准备好好休息时，在南方可怕的夏天，在阳光曝晒的时刻。

那一瞬间，我要崩溃了。这就意味着电热水器不能用，电磁炉不能用，午饭可能做不了，菜可能会坏，路由器不能用，没有Wi-Fi了。而我，一大早起来忙了这么久，最后只能坐在地板上滴汗、发呆。夏天独有的焦躁马上吞没了我，我觉得我要快被气哭了。

我发了几条微信给朋友们说我现在的处境。然后，他们都告诉我，"心静自然凉""恭喜你""去洗个冷水澡""出去咯"……可是，这些话，我还是觉得安慰不了我。我开始胡思乱想，为什么我这么努力，却这么不顺利啊？我就想给自己一个更充实的周末，让我觉得自己有点改变，怎么那么难？而我现在的心情，还没有人能够理解，为什么这样不开心呢？

接着，所有工作的压力、生活的不顺心、不被理解的心情，就像火山突然找到一个爆发口，迫不及待，喷薄而出，劈头盖脸地浇了我一身。我蹲坐在地板上，眼泪就开始哗啦啦地直掉。这种瞬间袭来的孤独感，像一层保鲜膜，把我包裹得密不透风，不沉重，而是窒息。我像个3岁小孩，好想任性地摔掉玩具，耍个无赖。

诶，你也有过这样莫名的失落、孤独的时候吧。可能你是在大马路上耍酒疯，一个人在深夜痛哭。这种孤独感，简直就是装死的火山，总在一些非常小的事情上引爆，带来大面积的感官情绪瘫痪，还要被大家嘲笑是太敏感想太多了。我总觉得，我的孤独感是一只与生俱来的宠物，像影子跟在你屁股后面，被它跟烦时，就在某一个突破口爆发，好想扔了它，却又牵扯不清。

于是我看着那个"幽暗深处的自己"在哭泣，在寻求理解，在试图摆脱孤独感。我向朋友们倾诉烦恼，可他们告诉我的解决方案，都是我也曾告诉过他们的。我向朋友们描述心境，但他们觉得只是小事，是我太玻璃心。我才发现世界上是有"感同身受"这个词，却没有这回事。孤独感原来来自不被理解的各个瞬间，不能找到共鸣的每一场谈话里。原来不被理解才是人生常态。

我翻山越岭，你体会不到我的辛苦，我欢呼雀跃，你也感受不到我的欣喜。坐在地板上发呆，就像走在荒芜的沙漠里，望不见人群。可是，我必须忍耐这样的孤独感。因为人生，终究是自我对孤独的救赎。刘瑜说，"适应孤独就像适应一种残疾"。

孤独，不是无人理解，而是很少有人愿意从你的维度去理解。我们只能试着揣摩自己，自我救赎。那天，哭得差不多后，我去洗了个热水澡，换了身衣服，拎着本书，坐了趟车，到了一家咖啡馆，坐了一天，消费了两杯咖啡和一个小蛋糕，看完了一本书。

我觉得，那个周末也过得很充实，很美好，虽然我买的菜都坏掉了，虽然我哭了，虽然我被孤独感打败过。但最后，在我独处的时候，我觉得我与我的人生达成了和解，我不再生气为什么孤独老跟着我，反而感谢它的存在让我觉得自己不一样。

试着去接受不被理解这个事实，学会通过独处来适应孤独，实现与自己达成和解，不强求，不纠结。人生真的是自我对孤独的救赎。在那个"幽暗深处的自己"哭完后，记得扶他站起来，与自己合体，又是一个雄纠纠气昂昂的汉子。那时可能你也会觉得，孤独也是件蛮可爱的事。

孤独不可避免，不如放手拥抱

我曾经为孤独哭泣，那是在幼小的年龄，拿着书本爬在学校的墙头，读着读着，望了远处静谧的田野和无人的小路，感觉世界突然间没了声音，好似地球上就剩下自己孤零零一个，被抛弃在角落，无依无靠的我心生出莫名的惆怅和悲凉，眼泪禁不住往上涌，后来竟然哇哇地痛哭出声来……这类似的悲从中来，还有去年驾车飞驰在大别山的群山之间，连绵的丛山峻岭绿海森林，让你远离了城市的喧嚣进入宁静，你有些新生的心境，别忙，很快，眼前出现了山腰中某个无名的小木屋，屋顶上渺渺飘散了几缕炊烟，刹那间惆怅就侵过心头，那份寂寞会追着你一路开出数十里远……

低落的情绪会营造一个弃之的悲怜，恍如一个人走在无人的荒漠，飞沙吹散着长发，眼前灰茫茫一片，脚下是打滑的沙坑，每走一步都举步维艰，悲怜了自己，悲怜了世界。生活就像数学里的正玄函数曲线起起伏伏，日子有如坐过山车高低不平，情绪有好有怀，低落会不分场合地袭来，怎能说不解孤独？

无聊的人逃避孤独。孤独是一个人的游戏，喜欢热闹的人耐不住孤独。你看迪厅里，那些伸出来的无数双在摇滚中乱舞的手，即便你听不到那是谁在嘶喊的声音，即便你装出来的笑脸没有人能识破，你却很肯定地跟自己说，狂欢是一群人的寂寞，越是人多越是寂寞。正如人们所说，扎堆的往往不是朋友，是寂寞的人群。我们最习惯的是与俗人、庸人为伍，而浪费的不仅仅是时间，是那份不能承受的蹉跎。

　　脆弱的人恐惧孤独。孤独没有金钱那么可爱，不可能讨每个人喜欢。在脆弱者面前孤独有一张狰狞的面目，它会趁虚而入，在某个黑暗的噩梦中扮演魔鬼的角色让你虚脱、让你魂飞魄散；在你不设防的时候，偷袭你的城堡爬上心头大口大口地啃噬一顿。脆弱的人，只能眼巴巴看着它攻城掠地，只能等待孤独这个欺软怕硬的混蛋，摧残了自己，一点点枯萎……人最无助的是没有能力挣脱让自己被动的局面。

　　成功的人学会孤独。当鲜花和掌声落幕，当笑脸和握手一个个散去，鼓噪过后，比赛之后等于比赛之前，一切归于平静。一个人驱车在郊外，长驱直入的大路让你望不到尽头，窗外华灯朦胧，世界沉睡独你一个人醒着，你猛摇了头，分明看到你并非刚才站在聚光灯下那般高大。那些"高头白马万两金，不是亲来强求亲"；"一朝马死黄金尽，亲者如同陌路人"；"人生犹似西山日，富贵终如草上霜"的词句会泛上心头，让你提前品味一回英雄暮年的境遇。很显然，那是孤独回到你身边。孤独让你看见你不可能拥有世界，你永远需要独立与别人，世界是世界，你是你，孤独是你与世界的分界线。如果弘一法师李叔同在八九岁的时候就能领悟到荣华尽头是悲哀的话，那么，成功的人必须学会孤独。

　　孤独是用来发现自己的。孤独就像那位揣着怀表会说人话，诱惑爱丽丝跌入兔子洞重游仙境的白兔先生，他打开神秘的大门引领你重回那个疯狂奇幻的世界，在仙境里你可以长可以短，你可以大可以小，你追逐着"我是谁"？在探险的同时你终于发现自我；孤独怂恿你在世界的另一头犹如《超体》里的露西穿越昨天和未来，看见地球上最早的那个露西的样子；孤独放纵你的任性，允许你变身成大鹏掠过江河去俯瞰别人眼中看不见的万物；允许你伏贴在宇宙的肌肤上去聆听它的心跳……孤独是一把打开世界的钥匙，它让你通往自己的内心。南森说，人生的第一件事是发现自己，那么，孤独是用来发现自己的。遗憾的是，有的人已经无法孤独。

强大的人驾驭孤独。正如字面解释，"孤"自古就是帝王对自己的尊称，"孤"者王也；"独"意味着独一无二的意思，独一无二的王者是孤独。孤独的人是真的勇士，可以面对自己直面人生独自前行。难怪尼采说，孤独，你配吗？真正的王者驾驭孤独，孤独是高贵的，是力量和能力的象征。

世间原本孤独。你看，停靠在路边无人的汽车是孤独的，飞驰在高架上的车流是孤独的，眼前的一栋栋摩天大厦各自有各自的孤独。让大脑带你重温自己在世界各地留下的足迹，当你迎风站在甲板上，随着巨轮在厚似铁板的太平洋上破浪，扑面狂扫的苍凉渗透在你呼吸的每一口空气中、在每一丝翻打在你脸上的海风里，都彰显着大海的孤独；置身在美加之间的尼亚加拉大瀑布的河谷，滔天的巨浪变成飞溅在你身上密集的水花，你分明听见一个巨人朝着你雷鸣般狂泻孤独；当你紧裹了身上的大衣浑身颤栗在富士山脚下，仰望冰棍一样矗立的雪山，静穆就是它的孤独……

作为自然之子，人生来孤独，人生本来就是一个人要独自走完的路。张爱玲说，我们都是寂寞惯了的人。无论是审美、创造还是思考，你有太多的事情要做。国人之前没有孤独的习惯，多了一点集体寂寞少了一点一个人的孤独，是农耕社会生产力低下、地少人多养成的人文风俗。现实进入到后工业化和信息时代，生产力与生产关系之间发生了巨变，人们在生存之上有了更多属于自己的时间，需要用更多的时间来填补精神生活的空白。我们能不能假设，在成为某一种人的基础上，人们可不可以去追求高于生活的另一种人生呢？或许我们还可以期盼，人们依靠个人的力量就可以获得财富和精神的独立和自由。那么，孤独的价值就不言而喻了。

可以确认的是，无论哪种人生、什么阶段，孤独都是你的贴身伴侣，热闹只是孤独的插曲，逃避它不如拥抱它，任何人的人生都需要有一颗勇敢者的心。世界这么大，挽起孤独的手一起上路。相信，下一站有下一站的美丽，不要回头。

在孤独中找寻最真实的自己

前两天有个网友给我写信,问我如何克服寂寞。她跟我刚来美国时一样,英文不够好,朋友少,一个人等着天亮,一个人等着天黑。"每天学校、家、图书馆、健身房,几点一线。"

我说我没什么好招儿,因为我从来就没有克服过这个问题。这些年来我学会的,就是适应它。正如有人所言:"适应孤独,就像适应一种残疾。"

我觉得,快乐是可遇不可求的,但是充实是可求而不可遇的。我的快乐很少,当然我也不痛苦。主要是生活稀薄,事件密度非常低。我典型的一天:一个人,书,电脑,DVD。一个人,一个星期平均会去学校听两次讲座。一周工作日平均跟朋友吃午饭一次,周末吃晚饭一次。多么稀薄的生活啊,谁跟我接近了都会有高原反应。

我这人其实一点也不孤僻。生活中认识我的人都知道,我是多么平易近人开朗活泼。有时候,我就是懒,懒得经营一个关系。还有一些时候,就是爱自由,觉得任何一种关系都会束缚自己。当然最主要的,还是知音难觅。我老觉得自己跟大多数人交往,总是只能拿出自己的一个子集,我很难找到和自己一样一望无际的人。

有时候也着急。不仅仅是因为错过了亲友之间的饭局、谈笑、温情,不仅仅因为一个文学女青年对故事、冲突、枝繁叶茂的生活有天然的向往,也因为一个人思想的先锋性总是通过碰撞来保持的。我担心,我老这样一个人待着，会不会越来越傻？

但另一些时候，我又惊诧于自己的生命力。在这样缺乏沟通、交流、刺激、辩论、玩笑、聊天、绯闻、传闻、小道消息、八卦、MSN的生活里，没有任何"圈子"，多年来仅仅凭着自己跟自己对话，我竟然保持了创造力和战斗力，竟然写小说、政论、论文、博客，而且写得如此饱满热情，我又是何等顽强的一株向日葵。

年少的时候，我觉得孤单是很酷的一件事。长大以后，我觉得孤单是很凄凉的一件事。现在，我觉得孤单不是一件事。有时候，人所需要的是真正的绝望。真正的绝望跟痛苦、跟悲伤、跟惨痛都没有什么关系，真正的绝望让人心平气和。你意识到你不能依靠别人、任何人得到快乐、充实、救赎。那么，你面对自己，把这种意识贯彻到一言一行当中。

它还不是气馁，不是得过且过，不是"平平淡淡从从容容才是真"这样的狗屁歌词，它只是"命运的归命运，自己的归自己"这样一种实事求是的态度。

我想自己终究是幸运的，不仅仅因为那些外在的所得，而且因为上帝给我的顽强和禀赋。它告诉我"浑浑噩噩的生活不值得过"，教我用虚无、骄傲、愤世嫉俗超越那种浑浑噩噩随波逐流的生活，然后教我用是非感、责任心来超越那点虚无、骄傲、愤世嫉俗。

当罗素说知识、爱、同情心是他生活的动力时，我觉得这个风流成性的老不死简直就是我的亲哥。

因为这幸运，我原谅上帝给我的一切挫折、孤单，原谅他给我的敏感、抑郁和神经质，原谅他让X不喜欢我，让我不喜欢Y，让那么多人长得比我美，让那么多烂书卖得比我的好，甚至原谅他让我长到105斤，因为他把世界上最美好的品质给了我：不气馁，有召唤，爱自由。

{ 梦想是孤独的旅行，孤独是努力的陪衬 }

大长脸是我表哥，一个典型的天秤男，有一张酷似日本文艺猥琐大叔的长脸和一种慢吞吞与世无争的呆萌气场，而且还有"程序猿"的标签。他的语言表达能力退化得惊人，考英语只能考到满分的三分之一，说汉语也老是舌头打结。不过仔细想想这些年，他的经历，让我相信了"讷于言，敏于行"远好过"45度角仰望天空，屁股都懒得挪一下"。

"梦想注定是孤独的旅行，路上少不了质疑和嘲笑"，这是陈欧，他为自己代言。而大长脸的梦想没有那么励志和正能量，他是为自己带"盐"的那一群人。他的梦想从小就有些俗气，就是赚钱。后来，我渐渐发现大长脸让我看到了这个世界的N种可能，让我发现原来没有那么多的不可能。

为了买新出的四驱车，大长脸自力更生。为了省下钱买更好的贺年片，他从H市的一端沿着铁轨走到火车站小商品批发市场，当时顶着呼呼的寒风、踩着冰冷的铁轨走40多分钟的开心和无忧无虑，直到现在我都记忆犹新；再长大些，大长脸就开始打起了夜市和各种音乐节的主意。平时慢吞吞的他，在被逼急后所爆发的力量是不可估量的，一双大长腿不知逃过了多少城管和大妈的围追堵截，一张大叔脸不知哄骗了多少少女买他的海报和荧光棒。我曾经以为他是只鸵鸟，慢吞吞地走，慢吞吞地下蛋，一切都是慢吞吞的，后来才发现这家伙是只黄鼠狼，有目标，有方向，起早贪黑，不言不语，然后一招制胜……

大学毕业，计算机从业人员供大于求，一向傻呵呵、慢吞吞的大长脸，也在人生的十字路口变得既孤独又迷茫。我问他准备从事什么职业，他无所谓地说，不管干什么，挣钱就好。那段时间，大长脸在无数个招聘现场中木然地奔波，实在没有着落了，他俗气地和我说，先挣钱再说，于是勤勤恳恳地在一家西裤连锁店干起了调度员。

寒假回来的时候，他抽烟抽得很凶，牌子也貌似提了好几个档儿，烟圈在故意蓄起的胡须周围调皮地打转，长长的脸看起来有些沧桑，又有些可爱。我问他下一步准备去哪儿发财。没想到，他把烟蒂狠狠地摁在地上，正能量十足地说，去考公务员。当时，我惊得半天都没说出话来，不知道这半年他经历了什么，是他厌倦了漂泊还是真的改邪归正要立志为人民服务了？不过这些都不重要了，重要的是这家伙在"离经叛道"后真的就"洗心革面"，开始在康庄大道上"匍匐"了。

两个月之后，大长脸带着一脸释然和从没有过的平静告诉大家，他没考上，不过准备创业，店铺已盘好就等装修了——他要和朋友合开一家桌游吧。我不能想象家里那帮50后和60后在听到"桌游吧"三个字时，是怎样在他需要启动资金的时候批驳和斥责他的，也不能想象他是怎样顶着压力在大家都不看好的前提下到处找房子的，只知道他去做了。开始装修前，我问他怎么从家里拿到赞助的，他只说他和他爸磨叽了好久才拿到开店的一半资金，他说这话的时候眼睛里满是温暖和喜悦。

店是他和朋友一起装修的，基本上是从毛坯到精装的一个过程。那段时间，他估计快被装修折磨疯了，在收集了整整一屏幕的装修攻略后，去建材市场讨价还价，然后光着膀子在房子里DIY各种小型家具和道具，来"拜访"他的人络绎不绝。有楼上叽叽喳喳的大妈，有儿时一起长大的小伙伴，也有一群又一群慕名而来的家人。有来絮絮叨叨让他停工的，有来嘘寒问暖送祝福的，也有来冷嘲热讽表示同情的，当然送祝福的毕竟是少数，表达无限同情的和袖手旁观的是多数。

那段时间，不知道大长脸在叮叮当当中忽略了多少唏嘘，人家在说，他就在叮叮当当地钉钉子或者在咯吱咯吱地锯木头。不按既定的方向走，不按套路出牌，让他和他的小伙伴在这条路上走得有些孤独。但我相信，他这么做是真心想这么做，人如果真想做成一件事，全世界都会伸出援手。这世界这么多可能，不尝试怎么会知道没有可能，如果人人都听信别人嘴里的不可能，那也可能这个世界就真的不会有那么多可能了。

很快，周围的唏嘘声越来越少，各种物质和精神上的抚慰来到了大长脸身边。弄一棵小树苗是需要钱的，可他真是踩到狗屎运了，在一个月黑风高的晚上，当他路过一处建筑工地时，竟然发现了人家刚刚砍断遗弃在路边的小树苗和被废弃的窗框，于是他跟捡了金元宝似的，把树苗偷偷运回店，开心地做成了一棵装饰树和数个装饰品。人是一拨一拨地拥向他的店里，都在感叹他居然没花多少钱就能营造出这么文艺而复古的感觉。大长脸变废为宝的本领，又一次证明了没有真正的废物。

开业很长一段时间后，大长脸还是孤独的，他白天忙着发传单，晚上忙着研究店里五花八门的桌游。顾客不多可能是宣传力度不够，需要改变一下宣传策略……我一五一十地给他分析，他煞有介事地听，然后继续抽着烟看着密密麻麻的游戏说明，还是没有抱怨，只是按部就班地该干吗干吗。可能是他在关键时刻能说会道，可能是店面位置优越，也可能是他的大叔气质蒙骗了涉世未深的孩子……总之，在他和朋友的共同经营下，这个店居然在不是很潮的H市火起来了。人总是极其矛盾和拧巴的，前一秒在轻蔑和假模假式的同情，后一秒可能就在嫉妒或者毫无顾忌地赞赏。本来很多事情很简单，却被如潮水般拥来的唾沫生生地搞艰难了，本来很多事情的解决之路有很多条，却在条条框框的束缚中被既定成了少数的几条。

独处是最好的升值期

昨天傍晚，一直圈在图书馆的小松突然背着书包回到寝室，满脸疲态。以往他都要等到熄灯后才会回来，我感到奇怪，就问他怎么了，现在不正是备考研究生的关键时期吗。

小松横躺在床上，像一桩木头一般对我说："太累了，坚持不住了。"

于是我苦口婆心地劝他："人的成功贵在坚持，如果没有恒定的毅力与决心，凡事都会做得一塌糊涂……"口若悬河的我对小松说了能有十来分钟，身为室友，帮助他是我的责任，可说到最后总感觉自己像个老妈，净说些类似大道理一样的废话。

小松一脸无奈："你知道我的，我很能坚持，也有毅力。我并不是在夸大其词，只是问题不是出在这里。我感觉我的问题应该是太过坚持了。"

"怎么这么说？"我有点丈二的和尚——摸不着头脑。

"我总是坚持一个人学习，这样跟朋友同学们相处的时间就少了，时间久了，我感觉很孤独。每当看到图书馆里自习的人总是成双成对或结伴而行，我总感觉内心空落落的，以至于没什么学下去的动力了，我是不是应该找个朋友一起自习，相互促进，相互鼓励什么的，那样学起来应该更轻松，更有效率吧。"

我说："你为什么觉得大家在一起学习就会相互鼓励、相互促进呢？"

小松说："因为有朋友在啊，大家在一起就不会太孤单了，学累了还能闲扯一通，这不是一幅很和谐的场面吗？"

我说："是很和谐，不过这种场面应该是不存在的吧。"

小松说："怎么不存在呢，我在图书馆看到很多人都是这样的状态啊。"

现在我明白了，小松的孤单完全是被图书馆里那些成双成对的家伙们秀出来的画面刺激出来的。那些小松看似和谐的氛围其实本质上是虚假的。

记得我的一个也在上大学的朋友面临过这样类似的问题。他和女朋友身处同一城市的不同大学，一到双休日和法定假期，两人就会黏在一起在大学校园里秀恩爱。可是一到期末，即使没有课，两人也会在各自的大学里安心学习，完全忽视掉对方。

对此我感觉很奇怪，就问他："女朋友离你那么近，最近你怎么都不去看看她？"他说："不看，考完再说吧。"我说："你们俩一起学不行吗，省得相思之苦。"他却说："两个人在一起根本学习不了，只能玩。期望两个人彼此毫不打扰是根本不可能的，结果只能成为彼此的包袱。"

两个人无论再怎么熟悉，再怎么亲密，你不得不承认，他们还是两个独立的个体。

个体之间的习惯、生物钟、态度都可能大相径庭。交往的时候可能包容，设身处地为他人考虑，相处得非常融洽，可是你不要忘了，融洽和谐都是建立在交往的能力与技巧上的。而学习正是独处能力的一部分，与交往能力并没有太多的交集。

独处中的学习靠的是专注，举一反三以及多项思维、毅力与恒心的综合能力，当你运用这些能力有效率学习的时候，大脑潜意识识别了学习环境，交往能力与技巧便会被你抛在脑后。没有了交往能力与技巧，想让两个独立个人产生相互促进的和谐场面是非常难的。学习中的你有可能因为一点小事而跟朋友耿耿于怀，也可能因为朋友微不足道的一个小动作而心烦意乱，你变得活像一个小人，与谁都斤斤计较。

当然，由于性格各异，有的人在学习的时候还是能跟朋友相处得很和谐的，就像小松在图书馆看到的诸多场景——兄弟们坐在一起看题，不会了问问对方，大家集思广益，解答问题，累了大家就谈笑风生，每个人脸上都洋溢着幸福的笑脸。

对于这样的场面，我只能说都是秀出来给人看的。他们没有牺牲交往，却丢掉了独处中的学习力。也就是说他们的大脑识别了交往环境，而大家在一起的目的——学习却被完全抛之脑后。大家在一起只有开心而已，看起来遭人羡慕，实则学习效率低下。你不会的问题我可以帮助你一道两道，可是你总问，就会影响我的学习效率。你学习累了，想跟人聊聊天，但不代表我也想聊天；相反，有可能我的学习状态刚好。所以这种本末倒置的行为实在是有自欺欺人之嫌。

大家在一起学习，互不打扰，形同陌路的状态是可能的，其他的状态都属于不正常，得不偿失的行为，没什么好羡慕的。

交往和独处原是人在世上生活的两种方式，对于每个人来说，这两种方式都是必不可少的，只是比例不太相同罢了。由于性格的差异，有的人更爱交往，有的人更喜独处。人们往往把交往看作一种能力，却忽略了独处也是一种能力。

细想一下，为什么人的一生最有可能做出大作为的时期是青少年，抛开大脑发育的因素外，还有比较重要的一点就是我们有着较长的独处时间。

结婚之后我们的独处时间越来越少，创造力与学习力也就跟着直线下降，再想成功肯定是难上加难了。著名电竞解说小智虽然只是个娱乐解说，却也曾调侃自己的事业与成功都是在有女朋友之前累聚而成。

所以这个世上可以分为四种人。

第一种人交往能力强，独处能力也强。这样的人大多全面发展，事业多有所成，历史上的大人物也大多属于这一种。

第二种人独处能力强，交往能力弱。这样的人总是能习惯独处，忍受寂寞，在奋斗中做出一番大成就。陈景润、梵高等怪才皆在此列。

第三种人交往能力强，独处能力弱，他们健谈，开朗，却会给人一种夸夸其谈，咋咋呼呼的感觉，这类人成就一般不会太大，朋友却很多，生活得很快乐。

第四种人交往能力弱，独处能力也弱，他们是这个社会的弱势群体，处处遭到排挤，有的忍受不了生活的压力而自杀，有的还在社会底层苟活，不管怎么样，他们的一生是可悲的。我们要做的就是不伤害他们，在必要的时候伸出援手，举手之劳。

小松过度期望交往，并且有牺牲独处之势，我只能说不值得。我曾经就犯过这样的错误。

那时的我刚上大学，本想认真学习，多读些书，多考些证。可是怕跟同学的关系相处不好，还是花了大量时间跟大家一起疯闹。结果我发现我跟大家一样变得越来越平庸。

这个世界不是孤岛，谁都不可能独善其身。个人的生活总是与他人关联，旁观他们的生活，感受别人的情绪，接受他们的传播。所以你要想在群体中脱颖而出靠的只有独处的能力，当你进步或向上赶超他人的时候，与朋友在一起的机会变少是很正常的事情，没人会怪你，相反会羡慕你的毅力。但交往变少，离大家越来越远是事实，这就是为什么绝对成功或站在巅峰的人会感到彻夜的孤独了，因为鹤立鸡群的你已经脱离了原本的朋友圈子。

有了这些思想准备后，请勇敢地前行。虽然前方的路孤独且寂寞，但请不要灰心，忍受孤寂，将那些热闹温馨的场面屏蔽。也许你的交往能力不强，可你要知道能力的达成并非一蹴而就，你需要在保证独处的同时慢慢学习交往技巧，慢慢成长，走向阳光大道。

永远不要舍弃独处，即使你会孤独。